TRÄGER-TABELLE.

Zusammenstellung der Hauptwerte der von deutschen Walzwerken hergestellten I- und C-Eisen.

Nebst einem Anhange: Die englischen und amerikanischen Normalprofile.

Herausgegeben von

GUSTAV SCHIMPFF,
Regierungsbaumeister.

München und Berlin.

Druck und Verlag von R. Oldenbourg.

1905.

Vorwort.

Normalprofile für Walzeisen sind zuerst in Deutschland aufgestellt worden und zwar im Jahre 1879. In diesem Jahre erschien zum ersten Male das von einer gemeinsamen Kommission des Verbandes deutscher Architekten- und Ingenieur-Vereine, Vereins deutscher Ingenieure, Vereins deutscher Eisenhüttenleute und Vereins deutscher Schiffswerften herausgegebene »Deutsche Normalprofilbuch für Walzeisen zu Bau- und Schiffbauzwecken«. Seitdem sind die deutschen Normalprofile bei uns überall anerkannt.

Nach deutschem Vorbild sind in Nordamerika und England Normalprofile aufgestellt worden. In Amerika hat dies die Association of American Steel Manufacturers im Jahre 1897 getan; in England ist es erst im Jahre 1904 einer von den technischen Vereinen, der Institution of Civil Engineers, Institution of Mechanical Engineers, Institution of Naval Architects, Iron and Steel Institute, Institution of Electrical Engineers eingesetzten Kommission gelungen, Normalprofile aufzustellen.

In beiden Ländern ist es bisher noch nicht erreicht worden, die betreffenden Normalprofile in gleicher Weise wie in Deutschland zur allgemeinen Anerkennung zu bringen. Dies kommt wohl in erster Linie daher, dafs die Zeit seit ihrer Einführung noch zu kurz ist; daneben ist es aber wohl auch darauf zurückzuführen, dafs die Aufstellung der Profile zu einer Zeit erfolgte, als die Walzwerke bereits ein grofses Kapital in ihren Walzen festgelegt hatten. Deswegen findet man in beiden Ländern noch eine grofse Zahl abweichender Profile.

Ähnlich ist es nun in neuester Zeit auch wieder in Deutschland geworden. Eine Zeitlang schien es, als ob die Normalprofile alle anderen Quer-

1*

schnitte verdrängen würden. Neben ihnen hatten nur wenige Walzwerke ihre alten Profile beibehalten; neuerdings ist aber hauptsächlich unter dem Einfluſs der Krisis der Jahre 1900 bis 1903, die einen Teil der deutschen Werke zwang, ihre Absatzgebiete im Ausland zu suchen, die Herstellung englischer und amerikanischer Profile, insbesondere von I- und $\mathrm{\mathsf{L}}$-Eisen, in gröſserem Umfange aufgenommen worden. Dies sind zum überwiegenden Teile unregelmäſsige Profile; doch werden auch einige englische und amerikanische Normalprofile gegenwärtig in Deutschland hergestellt.

Aus dem Bestreben, das Anwendungsgebiet gewalzter Profile zu erweitern, insbesondere ihre Verwendung an Stelle zusammengesetzter Profile zu ermöglichen, entstanden gleichzeitig die breitflanschigen sogenannten Greyträger, die von der Differdinger Hütte gewalzt werden, und deren Anwendung trotz der kurzen Zeit ihres Bestehens, dank ihrer vielseitigen Verwendungsfähigkeit und der Empfehlung namhafter Fachleute, schon eine recht verbreitete geworden ist.

Auf diese Weise sind wir in Deutschland wiederum zu einer Buntscheckigkeit der Profile gekommen, in die einigermaſsen Ordnung hineinzubringen eine Aufgabe der Zukunft sein muſs.

Die Aufgabe ist vielleicht nur auf Grund einer internationalen Verständigung befriedigend zu lösen. Heute schon eine Lösung versuchen zu wollen, ist jedenfalls verfrüht, da die Bewegung zur Schaffung neuer Profile anscheinend noch nicht zur Ruhe gekommen ist. Doch würde sich schon jetzt manche Vereinfachung durch Zusammenlegung nur unbedeutend voneinander abweichender Profile verschiedener Hüttenwerke zu erreichen.

Die Rücksicht auf den Export allein reicht aber offenbar nicht aus, um das stetige Anwachsen der Zahl der abweichenden Profile in den Listen unserer Walzwerke zu erklären. Es geht vielmehr zweifellos daraus hervor, daſs die Verwendung der abweichenden Profile an Stelle der deutschen Normalprofile in manchen Fällen besondere Vorteile bieten muſs, und in der Tat zeigt sich, daſs unsere Normalprofile nicht für alle Zwecke gleich gut verwendbar sind.

Bei der Formgebung der deutschen Normalprofile für I-Eisen sind offenbar die Rücksichten auf ihre Verwendung als Träger auf zwei Stützen bei unbeschränkter Konstruktionshöhe in erster Linie maſsgebend gewesen. Nicht brauchbar sind sie häufig, wenn eine bestimmte Tragfähigkeit bei geringer Konstruktionshöhe gefordert wird, wie

z. B. für Längsträger offener Brücken. Für der-
artige Fälle werden die sogenannten Maximal-
profile hergestellt, die durch Vergröfserung der
Stegstärke (Verstellung der Walzen) erhalten werden;
sie sind aber unwirtschaftlich in der Materialver-
teilung. Die Normalprofile sind ferner unzweck-
mäfsig und unwirtschaftlich bei Verwendung als
Säulen und als druckbeanspruchte Füllungsglieder
von Brückenträgern wegen des grofsen Unter-
schiedes der beiden Trägheitsmomente. Es können
weiter Fälle vorkommen, wo man ein leichteres
Profil bei gegebener Höhe braucht, wenn die ge-
forderte Tragfähigkeit gering ist, mit Rücksicht
auf Anschlüsse (z. B. den Windverband) aber eine
gewisse Höhe eingehalten werden mufs. Auch ist,
wenn an die Flansche andere Stäbe angeschlossen
werden sollen, die geringe Flanschbreite, die grofse
Flanschdicke und die starke Innenneigung der
Flansche (14 %) häufig von Nachteil.

Weniger Einwendungen sind gegen die allge-
meine Verwendbarkeit der normalen ⊏-Eisen zu
machen, deren Verwendungsgebiet ja überhaupt
ein viel beschränkteres ist als das der ⊥-Eisen.
Bisweilen kann es allerdings von Vorteil sein, für
eine bestimmte Profilhöhe eine gröfsere Auswahl
in den Querschnitten zu haben.

In vielen Fällen, wo uns die deutschen Normalprofile in Stich lassen, können die vorhandenen
abweichenden ⊥- und ⊏-Eisen mit Erfolg Verwendung finden. Ihre Anwendung wird aber da-
durch erschwert, dafs man bei ihrer Auswahl auf
die Profilhefte der einzelnen Werke angewiesen ist,
die nicht immer bei der Hand sind, und deren
Zahl ein zeitraubendes Suchen des günstigsten
Querschnittes nötig macht. Es mufste sich daher
bei den Ingenieuren, die mit dem Entwerfen von
Eisenkonstruktionen beschäftigt sind, und bei den
Brückenbauanstalten, die häufig vor die Aufgabe gestellt sind, an Stelle eines vorgeschriebenen, schwer
zu beschaffenden Profils ein ähnliches derselben
Tragfähigkeit zu wählen, das Bedürfnis nach einer
Zusammenstellung aller vorhandenen Profile heraus-
stellen. Diesem Bedürfnis, das der Herausgeber
in der Praxis selbst lebhaft empfunden hat, soll
die vorliegende Liste abhelfen.

Zu der Liste selbst sei noch folgendes bemerkt:

Aufgenommen sind alle zur Zeit in Deutschland gewalzten normalen oder abweichenden ⊥-
und ⊏-Eisen, soweit Angaben darüber dem Herausgeber zugänglich waren. Ein Verzeichnis der ⊥-
und ⊏-Eisen herstellenden deutschen (und luxem-
burgischen) Werke befindet sich in dem vom Verein

deutscher Eisenhüttenleute herausgegebenen Werke:
Gemeinfafsliche Darstellung des Eisenhüttenwesens.
5. Auflage. Düsseldorf 1903.

Abweichende Profile werden nach den Ermitte-
lungen des Herausgebers von folgenden Walzwerken
hergestellt:

Aachener Hütten-Aktien-Verein, Rote Erde (R. E.).

Deutsch-Luxemburgische Bergwerks- und Hütten-
Aktien-Gesellschaft, Differdingen (Diff.) (1904).

Eisen- und Stahlwerk Hoesch, Aktien-Gesellschaft,
Dortmund (H. D.) (1902).

Gewerkschaft Deutscher Kaiser, Bruckhausen (D. K.)
(1903).

Gutehoffnungshütte, Aktien-Verein für Bergbau und
Hüttenbetrieb, Oberhausen (G.) (1902).

Hoerder Bergwerks- und Hütten-Verein, Hoerde
(H. V.) (1901).

Lothringer Hüttenverein Aumetz-Friede, Kneut-
tingen (Lothringen) (A. F.) (1903).

Luxemburger Bergwerks- und Saarbrücker Eisen-
Hütten-Aktien-Gesellschaft, Burbacher Hütte,
Burbach bei Saarbrücken (B.) (1904).

Oberschlesische Eisenbahnbedarfs-Aktien-Gesell-
schaft, Friedenshütte O. S. (F.) (1901).

Röchlingsche Eisen- und Stahlwerke, G. m. b. H.,
Völklingen (Saar), (V.) (1903).

Rombacher Hüttenwerke, Rombach (Lothringen)
(R.) (1903).

Gebr. Stumm, Neunkirchen (Reg.-Bez. Trier) (St.)
(1899).

Union Aktien-Gesellschaft für Bergbau, Eisen- und
Stahl-Industrie, Dortmund (U.) 1900).

Vereinigte Königs- und Laurahütte, Aktien-Gesellschaft für Bergbau und Hüttenbetrieb, Königshütte O. S. (K.) (1900).

de Wendel & Co., Hayingen (Lothringen) (Hy.)
(1904).

(Die in Klammern beigesetzten Abkürzungen des
Namens der Werke entsprechen den in der Liste selbst
gewählten Bezeichnungen; die Jahreszahlen sind die
der benutzten Profilbücher.)

Im Anhange ist eine Liste der englischen und
amerikanischen Normalprofile gegeben. Die englische Liste ist der offiziellen Veröffentlichung des
Engineering Standards Committee (Heft 6, 1904) ent-
nommen, die amerikanische dem Profilbuch (Pocket
Companion) der Carnegie Steel Co. vom Jahre 1900.
Die Richtigkeit und Vollständigkeit der Angaben
dieses Profilbuches wurde dem Herausgeber durch
die Association of American Steel Manufacturers
bestätigt.

In der Hauptliste kehren einzelne der eng
lischen und amerikanischen Normalprofile, zum
Teil mit geringen Abweichungen, wieder; auch die
von Hayingen als B. S. B. bezeichneten Profile
weichen teilweise von den englischen Normalpro-
filen etwas ab.

Die Gewichtsangaben beziehen sich auf Flufs-
eisen (spez. Gewicht 7,85). Für die Werte des
Querschnittes, die Momente und den Schwerpunkts-
abstand wurden die Angaben der Werke benutzt,
soweit sie sich in den Profilbüchern fanden oder
dem Herausgeber von den Werken zur Verfügung
gestellt wurden; die fehlenden Werte wurden unter
Berücksichtigung der Schrägen und Abrundungen
neu berechnet. Die Angaben der Werke wurden
im allgemeinen als richtig vorausgesetzt; eine Neu-
rechnung aller Werte nach einheitlichen Gesichts-
punkten hätte die Kräfte des einzelnen weit über-
stiegen. Nachprüfungen und Berichtigungen der
angegebenen Werte wurden nur insoweit vorge-
nommen, als sich Ungenauigkeiten oder Unrich-
tigkeiten beim Vergleich mit den jedesmal benach-
barten Profilen herausstellten oder sich auf andere
Weise ergab, dafs Schrägen und Abrundungen von
dem betreffenden Werk durchweg nicht berück-
sichtigt waren. Hieraus erklären sich die, zum

Teil erheblichen, Abweichungen von den Profil-
heften der Walzwerke. Wo sich Angaben über die
Gröfse der Schräge und die Abrundungshalbmesser
nicht fanden, mufste ihr Einflufs geschätzt werden. Profile verschiedener Walzwerke, deren Ab-
messungen sich nur um geringe Bruchteile voneinander unterscheiden, wurden zusammengefafst
und in der Tabelle die Werte des in der letzten
Spalte jedesmal an erster Stelle genannten Walz-
werks eingesetzt.

Besonders angegeben ist für alle I-Eisen die
»freie Länge«, d. h. die Länge, bei der für einen
auf Knicken beanspruchten, nicht eingespannten
Stab die Knicksicherheit eine fünffache ist, wenn der
Querschnitt eine Beanspruchung von 1000 kg/cm²
erfährt. Diese Zahl ist mafsgebend für die Beur-
teilung der Frage, ob sich das betreffende Profil
zur Säule oder zum gedrückten Stab eignet; setzt
man $E = 2150$ kg/cm², so ergibt sich die freie
Länge zu $65 \cdot \sqrt{\dfrac{Jy}{F}}$, wobei Jy das kleinere Träg-
heitsmoment, F der Querschnitt des Stabes ist.
(Alle Mafse in cm.)

Den Hüttenwerken, die mir das für die Ab-
fassung der Zahlentafeln benötigte Material zur

Verfügung gestellt haben, möchte ich nicht ver-
fehlen, an dieser Stelle meinen Dank abzustatten;
gleichzeitig danke ich auch dem Engineering
Standards Committee und der Association of American Steel Manufacturers für die bereitwilligst ge-
gebenen Auskünfte, sowie Herrn Bauassistenten
Kruse für die bei der Zusammenstellung der
Tabelle und der Ausrechnung der Werte geleistete
Hilfe.

Auf die Zusammenstellung der Werte und die
Ausrechnung der fehlenden Zahlenangaben ist die
möglichste Sorgfalt verwendet worden. Sollte bei
der Benutzung des Buches eine falsche Zahl ge-
funden werden, so wird um gütige Mitteilung an
den Herausgeber gebeten. Alle sonstigen Berichtigungen, sowie Vorschläge zur Abänderung und
Ergänzung der Tafel nimmt derselbe gleichfalls
gern entgegen.

Altona, im März 1905.

Gustav Schimpff.

I-Eisen.

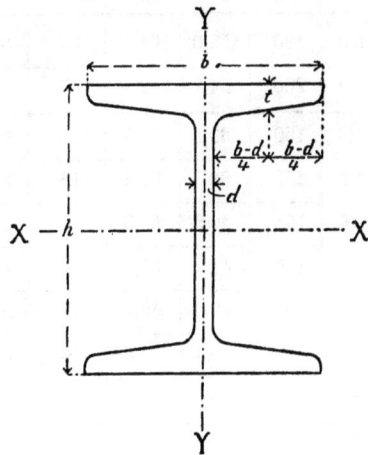

Höhe h mm	Flänsch-breite b mm	Steg-stärke d mm	Flansch-stärke t mm	Quer-schnitt F cm²	Gewicht $\frac{kg}{m}$	J_x cm⁴	W_x cm³	J_y cm⁴	Freie Länge l cm	Bezeichnung des Profils
73	89	10	10	23,1	18,0	190	52,0	101	136	D. K. No. $\frac{2^7/_8}{3^1/_2}$ min.; U. No. 3.
73	92	13	10	25,2	19,8	200	54,7	112	137	D. K. No. $\frac{2^7/_8}{3^1/_2}$ max.
76	76	4,6	8	15,0	11,8	150	39,3	50,0	118	B. No. $\frac{76}{76}$ min.; Hy. No. $\frac{76}{76}$ a.
76	76	5	8	15,2	11,9	151	39,7	50,4	118	D. K. No. $\frac{3}{3}$ min.
76	76	5,8	8	16,0	12,6	154	40,5	51,0	116	Hy. No. $\frac{76}{76}$ B. S. B. 2.
76,2	76,2	4	8,5	15,1	11,9	156	41	52,8	121	V. $\frac{76,2}{76,2}$ min.
76	79	8	8	17,4	13,6	162	42,6	56,7	117	D. K. No. $\frac{3}{3}$ max.
76	82	10,6	8	19,8	15,5	172	45,1	63,6	116	Hy. No. $\frac{76}{76}$ b; B. $\frac{76}{76}$ max.
76,2	82,2	10	8,5	19,7	15,5	178	46,0	67,4	120	V. No. $\frac{76,2}{76,2}$ max.
78,5	52,5	5	7,7	11,4	8,95	112	28,6	16,2	77,3	R. E. No. $\frac{78,5}{52,5}$ min.
78,5	57,5	10	7,7	15,3	12,0	134	34,2	22,8	77,3	R. E. No. $\frac{78,5}{52,5}$ max.
78,5	78,5	6	7,2	15,3	12,0	150	38,3	47,1	114	R. E No. $\frac{78,5}{78,5}$ min.
78,5	78,5	6,5	8	16,8	13,2	170	43,3	55,6	118	D. K. No. $\frac{3^3/_{32}}{3^3/_{32}}$ min.; V. No. 1a; U. No. 4.
78,5	83,5	11	7,2	19,2	15,1	179	45,6	58,1	113	R. E. No. $\frac{78,5}{78,5}$ max.
78,5	81,5	9,5	8	19,0	14,9	181	46,1	62,4	118	D. K. No. $\frac{3^3/_{32}}{3^3/_{32}}$ max.

Höhe h mm	Flansch-breite b mm	Steg-stärke d mm	Flansch-stärke t mm	Quer-schnitt F cm²	Gewicht $\frac{kg}{m}$	J_x cm⁴	W_x cm³	J_y cm⁴	Freie Länge l cm	Bezeichnung des Profils
80	42	3,9	5,9	7,57	5,95	77,7	19,4	6,28	59,2	Normal-Profil No. 8.
80	47	8,9	5,9	11,6	9,11	99,0	24,7	9,17	57,9	R. E. und B. N-P. No. 8 max.
90	46	4,2	6,3	8,99	7,06	117	25,9	8,76	64,2	Normal-Profil No. 9.
90	51	9,2	6,3	13,5	10,6	147	32,7	12,4	62,3	R. E. und B. N-P. No. 9 max.
100	50	4,5	6,8	10,6	8,33	170	34,1	12,2	69,6	Normal-Profil No. 10.
100	55	9,5	6,8	15,6	12,2	212	42,3	16,6	83,2	R. E. und B. N-P. No. 10 max.
101,5	76	5,5	7,9	17,0	13,4	292	59,2	49,5	111	B. No. $\frac{101,5}{76}$ min.
101,6	76,2	6,4	7,9	17,5	13,7	298	57,1	49,1	109	A. F. No. $\frac{4}{3}$ min.
101,6	76,2	4,5	8,5	16,7	13,1	300	59,1	52,8	116	R. E. No. $\frac{102}{76}$ min.
101,6	76,2	4	9	17,2	13,5	322	60,3	56,5	117	V. No. $\frac{101,6}{76,2}$ min.
101,6	80,9	11,1	7,9	22,2	17,4	339	66,7	60,2	107	A. F. No. $\frac{4}{3}$ max.
101,6	81,2	9,5	8,5	21,8	17,1	344	67,7	62,3	110	R. E. No. $\frac{102}{76}$ max.
101,5	82	11	7,9	23,1	18,1	344	68,9	63,0	107	B. No. $\frac{101,5}{76}$ max.
101,6	83,2	11	9	24,3	19,1	375	75,3	75,3	114	V. No. $\frac{101,6}{76,2}$ max.
101,6	76,2	9,5	11,1	24,5	19,2	387	76,2	74,0	113	A. F. No. $\frac{4}{3}$ min.
101,6	80	13,5	11,1	28,7	22,5	423	83,3	87,0	113	A. F. No. $\frac{4}{3}$ max.
102	76	5	8	16,4	12,9	292	57	49,2	112	R. No. 4″ × 3″ min.

Höhe h mm	Flansch-breite b mm	Steg-stärke d mm	Flansch-stärke t mm	Quer-schnitt F cm²	Gewicht $\frac{kg}{m}$	J_x cm⁴	W_x cm³	J_y cm⁴	Freie Länge l cm	Bezeichnung des Profils
102	76	5,3	8	17,1	13,4	297	58,3	50,4	112	D. K. No. $\frac{4}{3}$ min.; Hy. No. $\frac{102}{76}$a.
102	76	5	8,5	16,9	13,2	307	60,4	53,3	116	H. V. No. 10 ^{E}; Hy. No. $\frac{102}{76}$ B. S. B. 4.
102	79	8,3	8	19,8	15,5	324	63,5	56,7	111	D. K. No. $\frac{4}{3}$ max.
102	80	9	8	20,2	15,9	331	64,9	58,4	111	R. No. 4″ $\times$ 3″ max.
102	82	11,3	8	23,3	18,4	350	68,7	63,3	·107	Hy. No. $\frac{102}{76}$b.
110	*54*	*4,8*	*7,2*	*12,3*	*9,65*	*238*	*43,3*	*16,2*	*74,8*	*Normal-Profil No. 11.*
110	59	9,8	7,2	17,8	14,0	293	53,4	21,7	71,5	R. E. und B. N-P. No. 11 max.
115	86	8	10	24,8	19,5	533	92,6	91,5	125	R. E. No. $\frac{115}{86}$ min.
115	91	13	10	·30,6	24,0	596	104	111	124	R. E. No. $\frac{115}{86}$ max.
120	44	4,5	6,8	11,2	8,79	236	39,3	8,77	57	Hy. No. $\frac{120}{44}$a.
120	44	5,6	6,8	12,3	9,66	252	42,0	8,85	55	Hy. No. $\frac{120}{44}$ B. S. B. 5.
120	50	10,5	6,8	18,5	14,5	322	53,7	12,3	53	Hy. No. $\frac{120}{44}$b.
120	*58*	*5,1*	*7,7*	*14,2*	*11,2*	*327*	*54,5*	*21,4*	*80*	*Normal-Profil No. 12.*
120	63	10,1	7,7	20,2	15,9	399	66,5	28,2	.77	R. E. und B. N-P. No. 12 max.
121	44	4,5	6,6	10,8	8,48	232	38,3	9,23	60	D. K. No. $\frac{4^3/_4}{1^3/_4}$ min.
121	48	8,5	6,6	15,6	12,2	292	48,2	12,5	58	D. K. No. $\frac{4^3/_4}{1^3/_4}$ max.

Höhe h mm	Flanschbreite b mm	Stegstärke d mm	Flanschstärke t mm	Querschnitt F cm²	Gewicht $\frac{kg}{m}$	J_x cm⁴	W_x cm³	J_y cm⁴	Freie Länge l cm	Bezeichnung des Profils
125	75	6	8,5	19,1	15,0	476	76,2	51,4	107	V. No. 7a; St. No. 5; B. No. $\frac{12^1/_2}{7^1/_2}$ min.
125	80	11	8,25	25,3	19,9	568	91,3	63,4	103	B. No. $\frac{12^1/_2}{7^1/_2}$ max.
127	76	5,4	8	18,1	14,2	493	77,6	50,4	108	D. K. No. $\frac{5}{3}$ min.; Hy. No. $\frac{127}{76}$a.
127	76	6,4	7,9	19,3	15,2	508	80,6	48,8	102	A. F. No. $\frac{5}{3}$ min.
127	76	5,4	8,5	18,5	14,5	514	81,2	52,9	110	R. No. $5 \times 3''$ min.
127	76	5,6	8,5	19,0	14,9	517	81,3	53,1	109	R. E. No. $\frac{127}{76}$ min.; H. V. No. 12 ^{E}.
127	76	7,2	8	20,8	16,3	525	82,6	49,9	99	Hy. No. $\frac{127}{76}$ B. S. B. 6.
127	76,2	5	9,5	20,0	15,7	554	88,0	61,9	113	V. No. $\frac{127}{76}$ min.
127	81	10,4	8	24,1	18,9	578	91,3	61,7	104	D. K. No. $\frac{5}{3}$ max.
127	80,75	11,1	7,9	25,2	19,8	590	92,8	60,1	99	A. F. No. $\frac{5}{3}$ max.
127	82	11,4	8	26,2	20,6	595	93,9	64,2	101	Hy. No. $\frac{127}{76}$b.
127	81	10,6	8,5	25,5	20,0	602	95,0	65,9	104	R. E. No. $\frac{127}{76}$ max.
127	81,6	11	8,5	26,2	20,6	610	96,4	67,5	104	R. No. $\frac{5}{3}$ max.
127	82,3	11,1	9,5	27,6	21,7	658	103	77,7	108	V. No. $\frac{127}{76}$ max.
127	115	7,5	10,5	32,4	25,4	896	141	222	170	Hy. No. $\frac{127}{115a}$; D. K. No. $\frac{5}{4^1/_2}$min; B. No. $\frac{127}{115}$ min

Höhe h mm	Flansch-breite b mm	Steg-stärke d mm	Flansch-stärke t mm	Quer-schnitt F cm²	Gewicht $\frac{kg}{m}$	J_x cm⁴	W_x cm³	J_y cm⁴	Freie Länge l cm	Bezeichnung des Profils
127	114,3	7,1	11,1	32,5	25,5	920	145	227	172	V. No. $\frac{127}{114}$ min.
127	115	9	10,5	34,1	26,8	922	145	218	164	Hy. No. $\frac{127}{115}$ B. S. B. 7.
127	114,3	7,3	11,4	34,2	26,7	942	149	235	170	A. F. No. $\frac{5}{4^{1}/_{2}}$ min.
127	120	12	10,5	38,4	30,1	976	154	259	169	B. No. $\frac{127}{115}$ max.
127	119	12,5	10,5	38,0	29,8	980	155	255	168	D. K. No. $\frac{5}{4^{1}/_{2}}$ max.
127	121	13,5	10,5	40,0	31,4	998	157	257	164	Hy. No. $\frac{127}{115}$b.
127	119,1	11,9	11,1	38,1	29,9	1004	158	260	169	V. No. $\frac{127}{114}$ max.
127	119,3	12,3	11,4	40,3	31,6	1027	162	270	167	A. F. No. $\frac{5}{4^{1}/_{2}}$ max.
130	*62*	*5,4*	*8,1*	*16,1*	*12,6*	*435*	*67,0*	*27,4*	*84,8*	*Normal-Profil No. 13.*
130	67	10,4	8,1	22,6	17,7	526	81,0	35,6	81,9	R. E. und B. N-P. No. 13 max.
130	78	9	10,5	26,5	20,8	634	97,5	74,1	109	V. No. 5.
130	85	8	11,5	28,4	22,3	770	118	107	126	B. No. $\frac{13}{8^{1}/_{2}}$ min.
130	90	13	11,5	34,9	27,4	862	132	128	124	B. No. $\frac{13}{8^{1}/_{2}}$ max.
130	115	8	10,5	33,2	26,1	997	149	222	168	R. E. No. $\frac{130}{115}$ min.
130	120	13	10,5	39,7	31,2	1055	162	250	163	R. E. No. $\frac{130}{115}$ max.
140	47	4,5	7,9	13,5	10,6	395	56,4	12,4	62,3	Hy. No. $\frac{140}{47}$a.

Höhe h mm	Flansch-breite b mm	Steg-stärke d mm	Flansch-stärke t mm	Quer-schnitt F cm²	Gewicht $\frac{kg}{m}$	J_x cm⁴	W_x cm³	J_y cm⁴	Freie Länge l cm	Bezeichnung des Profils
140	53	10,5	7,9	21,9	17,2	532	76,0	19,2	61,0	Hy. No. $\frac{140}{47}$ b.
140	*66*	*5,7*	*8,6*	*18,2*	*14,3*	*572*	*81,7*	*35,2*	*90,4*	*Normal-Profil No. 14.*
140	71	10,7	8,6	25,2	19,8	686	98,1	44,8	86,5	R. E. und B. N-P. No. 14 max.
147	90	9	12,2	33,8	26,5	1100	149	116	120	B. No. $\frac{147}{90}$ min.
147	95	14	12,2	41,1	32,3	1233	168	134	117	B. No. $\frac{147}{90}$ max.
150	*70*	*6,0*	*9,0*	*20,4*	*16,0*	*734*	*97,9*	*43,7*	*95,2*	*Normal-Profil No. 15.*
150	76	5,75	8,75	21,3	16,7	775	103	54,9	104	H. V. No. 15 E.
150	75	11	9	27,9	21,9	875	117	56,6	92,6	R. E. und B. N-P. No. 15 max.
150	80	7	9,5	24,2	19,0	882	118	71,2	111	V. No. 11 a; St. No. 9; B. No. $\frac{15}{8}$ min.
150	85	12	9,5	32,1	25,2	1023	136	86,3	107	B. No. $\frac{15}{8}$ max.
152	76	6,6	8,8	22,8	17,9	842	111	55,5	101	Hy. No. $\frac{152}{76}$ B. S. B. 8.
152	76	5,5	9,5	21,7	17,0	842	111	59,9	108	D. K. No. $\frac{6}{3}$ min.
152	76	6,0	9,5	22,2	17,4	852	112	60,1	107	R. No. 6″ × 3″ min.
152	80	10	9,5	28,4	22,3	961	126	71,6	104	R. No. 6″ × 3″ max.
152	81	10,5	9,5	29,3	23,0	971	128	73	105	D. K. No. $\frac{6}{3}$ max.
152	114,3	9,4	10,9	37,9	29,8	1442	189	225	159	Hy. No. $\frac{152}{114}$ B. S. B. 9; A. F. No. $\frac{6}{4^{1}/_{2}}$ min.
152	127	7,5	11,5	39,4	31,0	1579	208	326	187	B. No. $\frac{152}{127}$ min.

I-Eisen.

Höhe h mm	Flansch- breite b mm	Steg- Stärke d mm	Flansch- stärke t mm	Quer- schnitt F cm²	Gewicht $\frac{kg}{m}$	J_x cm⁴	W_x cm³	J_y cm⁴	Freie Länge l cm	Bezeichnung des Profils
152	119,3	14,3	10,9	45,4	35,6	1594	209	259	155	A. F. No. $\frac{6}{4^{1}/_{2}}$ max.
152	127	7,9	11,5	40,3	31,6	1627	214	318	183	A. F. No. $\frac{6}{5}$ min.
152	127	7,7	12,5	42,0	33,0	1680	221	352	188	Hy. No. $\frac{152}{127}$a.
152	132,5	13,5	11,5	48,0	37,7	1749	230	365	179	A. F. No. $\frac{6}{5}$ max. /
152	133	13,5	11,5	48,4	38,0	1756	231	378	182	B. No. $\frac{152}{127}$ max.
152	127	11,4	12,5	47,3	37,1	1789	235	357	178	Hy. No. $\frac{152}{127}$ B. S. B. 10.
152	132	12,7	12,5	48,9	38,4	1824	240	414	189	D. K. No. $\frac{6}{5}$ max.
152	133	13,7	12,5	51,1	40,0	1855	244	409	183	Hy. No. $\frac{152}{127}$b.
152,4	76,2	6,4	7,9	21,0	16,5	776	102	49,1	99,4	A. F. No. $\frac{6}{3}$ min.
152,4	76,2	5	10	21,7	17,1	871	114	64,2	112	V. No. $\frac{152}{76}$ min.
152,4	80,9	11,1	7,9	28,2	22,1	916	120	60,7	94,9	A. F. No. $\frac{6}{3}$ max.
152,4	81,2	10	10	29,4	23,1	1018	134	79,3	107	V. No. $\frac{152}{76}$ max.
152,4	127	9	11,9	42,0	33,0	1656	218	233	153	V. No. $\frac{152}{127}$ min.
152,4	133,9	15,9	11,9	51,5	40,4	1859	244	397	180	V. No. $\frac{152}{127}$ max.
153	80	6,5	9,5	24,0	18,8	914	119,5	71,2	112	R. E. No. $\frac{153}{80}$ min.

Höhe h mm	Flansch-breite b mm	Steg-stärke d mm	Flansch-stärke t mm	Quer-schnitt F cm²	Gewicht $\frac{kg}{m}$	J_x cm⁴	W_x cm³	J_y cm⁴	Freie Länge l cm	Bezeichnung des Profils
153	85	11,5	9,5	31,7	24,9	1046	141	86,3	107	R. E. No. $\frac{153}{80}$ max.
155	130	9	12,5	44,4	34,9	1869	241	377	189	R. E. No. $\frac{155}{130}$ min.
155	135	14	12,5	52,2	41,0	1994	257	427	186	R. E. No. $\frac{155}{130}$ max.
160	51	5	8,2	16,0	12,6	606	76	16,4	65,1	Hy. No. $\frac{160}{51}$a.
160	57	11	8,2	25,6	20,1	811	101	24,6	63,7	Hy. No. $\frac{160}{51}$b.
160	*74*	*6,3*	*9,5*	*22,8*	*17,8*	*933*	*117*	*54,5*	*100*	*Normal-Profil No. 16.*
160	79	11,3	9,5	30,8	24,2	1104	138	72,3	99,5	R. E. und B. N-P. No. 16 max.
170	*78*	*6,6*	*9,9*	*25,2*	*19,7*	*1165*	*137*	*66,5*	*105*	*Normal-Profil No. 17.*
170	83	11,6	9,9	33,7	26,5	1370	161	85,9	104	R. E. und B. N-P. No. 17 max.
176	91	8,5	9,75	31,7	24,9	1480	168	108	120	B. No. $\frac{176}{91}$ min.
176	96	13,5	9,75	40,5	31,8	1707	194	129	116	B. No. $\frac{176}{91}$ max.
178	89	6	9,9	27,1	21,3	1442	162	101	125	D. K. No. $\frac{7}{3^{1}/_{2}}$ min.; Hy. No. $\frac{178}{89}$a.
178	89	6	10	27,3	21,4	1455	163	102	125	H. V. No. 17 ^{E}.
178	95	6,6	10	29,3	23,0	1522	171	123	133	D. K. No. $\frac{7}{3^{3}/_{4}}$ min.
178	95,25	7,1	10,3	32,0	25,1	1572	176	126	129	V. No. $\frac{178}{95}$ min.
178	102	6	9,5	29,0	22,8	1584	178	145	145	D. K. No. $\frac{7}{4}$ min.; Hy. No. $\frac{178}{102}$ min.

2

I·Eisen.

Höhe h mm	Flansch-breite b mm	Steg-stärke d mm	Flansch-stärke t mm	Quer-schnitt F cm²	Gewicht $\frac{kg}{m}$	J_x cm⁴	W_x cm³	J_y cm⁴	Freie Länge l cm	Bezeichnung des Profils
178	102	6,5	9,5	29,7	23,3	1606	181	139	140	Hy. No. $\frac{178}{102}$ B. S. B. 11.
178	102	5,8	10	29,8	23,4	1626	183	145	143	R. E. No. $\frac{178}{102}$ min.
178	99,0	10,8	10,3	37,1	29,1	1630	185	142	127	V. No. $\frac{178}{95}$ max.
178	95	12	9,9	37,8	29,7	1723	193	124	118	Hy. No. $\frac{178}{89}$b; D. K. No. $\frac{7}{3^1/_2}$ max.
178	101	12,6	10	40,0	31,4	1804	203	150	126	D. K. No. $\frac{7}{3^3/_4}$ max.
178	107	10,8	10	38,8	30,5	1861	209	170	136	R. E. No. $\frac{178}{102}$ max.
178	108	12	9,5	39,6	30,1	1866	210	174	136	Hy. No. $\frac{178}{102}$b; D. K. No. $\frac{7}{4}$ max.
180	55	5,8	8,5	19,2	15,1	898	100	21,4	68,2	Hy. No. $\frac{180}{55}$a.
180	61	11,8	8,5	30,1	23,6	1189	132	31,3	66,3	Hy. No. $\frac{180}{55}$b.
180	*82*	*6,9*	*10,4*	*27,9*	*21,9*	*1444*	*161*	*81,3*	*111*	*Normal-Profil No. 18.*
180	87	11,9	10,4	36,9	28,9	1687	187	99,5	107	R. E. und B. N-P. No. 18 max.
180	180	8,5	12,9	59,9	47,0	3512	390	1073	275	Diff. No. 18 B.
190	*86*	*7,2*	*10,8*	*30,5*	*23,9*	*1759*	*185*	*97,2*	*116*	*Normal-Profil No. 19.*
190	91	12,2	10,8	40,0	31,40	2045	215	118	112	R. E. und B. N-P. No. 19 max.
200	60	6,3	8,9	22,4	17,6	1293	129	27,9	72,6	Hy. No. $\frac{200}{60}$a.
200	66	12,3	8,9	34,5	27,1	1693	169	40,6	70,2	Hy. No. $\frac{200}{60}$b.
200	*90*	*7,5*	*11,3*	*33,4*	*26,2*	*2139*	*214*	*117*	*122*	*Normal-Profil No. 20.*

Höhe h mm	Flansch-breite b mm	Steg-Stärke d mm	Flansch-stärke t mm	Quer-schnitt F cm²	Gewicht kg/m	J_x cm⁴	W_x cm³	J_y cm⁴	Freie Länge l cm	Bezeichnung des Profils
200	100	9	11	38,5	30,2	2390	239	163	134	B. No. $\frac{200}{100}$ min.
200	95	12,5	11,3	43,4	34,1	2472	247	140	117	R. E. und B. N-P. No. 20 max.
200	105	14	11	48,5	38,1	2723	272	190	129	B. No. $\frac{200}{100}$ max.
200	200	8,5	13,8	70,4	55,3	5171	517	1568	307	Diff. No. 20 B.
203	102	7,2	10	33,6	26,4	2273	224	151	138	D. K. No. $\frac{8}{4}$ min.; Hy. No. $\frac{203}{102}$ B. S. B. 12; Hy. No. $\frac{203}{102}$a.
203	101,5	7	10,5	33,8	26,5	2298	226	147	135	R. No. 8″×4″ min.
203	101,6	6	11,2	33,4	26,2	2349	231	165	144	R. E. No. $\frac{203}{102}$ min.
203	100	7	11,1	35,0	27,5	2391	236	158	138	A. F. No. $\frac{8}{4}$ min.
203	101,5	6,5	11,5	34,6	27,2	2459	242	170	144	H. V. No. 20R.
203	102	7,1	11,9	36,8	28,9	2561	252	180	144	V. No. $\frac{203}{102}$ min.
203	106,5	12	10,5	43,6	34,2	2654	261	173	130	R. No. 8″×4″ max.
203	108	13,2	10	45,6	35,8	2692	265	184	130	D. K. No. $\frac{8}{4}$ max.; Hy. No. $\frac{203}{102}$ b.
203	105	12	11,1	45,0	35,3	2741	270	185	132	A. F. No. $\frac{8}{4}$ max.
203	108,6	13	11,2	47,8	37,5	2838	279	207	135	R. E. No. $\frac{203}{102}$ max.
203	108,4	13,5	11,9	50,0	39,3	3007	296	221	137	V. No. $\frac{203}{102}$ max.
203	127	7,1	12	43,2	33,9	3126	308	339	182	B.No. $\frac{203}{127}$ min ; D.K.No. $\frac{8}{5}$ min.; V. No. $\frac{203}{127}$ min. R. E. No. $\frac{203}{127}$ min.; Hy. No. $\frac{203}{127}$a.

2*

Höhe h mm	Flansch-breite b mm	Steg-stärke d mm	Flansch-stärke t mm	Quer-schnitt F cm²	Gewicht $\frac{kg}{m}$	J_x cm⁴	W_x cm³	J_y cm⁴	Freie Länge l cm	Bezeichnung des Profils
203	127	7,9	12,0	45,0	35,3	3161	310	335	177	A. F. No. $\frac{8}{5}$ min.
203	127	11,7	12	53,1	41,7	3449	340	341	164	Hy. No. $\frac{203}{127}$ B. S. B. 13.
203	132	12,1	12	53,3	41,8	3471	342	380	174	R. E. No. $\frac{203}{127}$ max.
203	133	13,1	12	56,0	44,0	3541	349	397	173	Hy. No. $\frac{203}{127}$ b; D. K. No. $\frac{8}{5}$ max.; B. No. $\frac{203}{127}$ max.
203	133,4	13,5	12	56,0	44,0	3569	351	392	172	V. No. $\frac{203}{127}$ max.
203	127	9	14	51,4	40,3	3583	353	405	183	H. V. No. 20 a^E.
203	133,2	14,2	12	58,0	45,5	3584	353	394	169	A. F. No. $\frac{8}{5}$ max.
203	152,3	7,9	12,7	52,9	41,5	3875	382	590	217	A. F. No. $\frac{8}{6}$ min.
203	152	8	13	53,4	41,9	3942	388	655	228	D. K. No. $\frac{8}{6}$ min.
203	152,4	7,5	13	53,6	42,1	3944	388	657	227	R. E. No. $\frac{203}{152}$ min.
203	152,4	7,9	13	53,7	42,2	3949	390	609	219	V. No. $\frac{203}{152}$ min.
203	152	7,8	13,5	55,3	43,4	4045	399	650	223	Hy. No. $\frac{203}{152}$ a; B. No. $\frac{203}{152}$ min.
203	157,4	13	12,7	63,2	49,6	4230	417	658.	209	A. F. No. $\frac{8}{6}$ max.
203	158	14	13	65,5	51,4	4360	429	695	212	D. K. No. $\frac{8}{6}$ max.
203	158,4	14	13	65,7	51,1	4371	430	696	211	V. No. $\frac{203}{152}$ max.

Höhe h mm	Flansch-breite b mm	Steg-stärke d mm	Flansch-stärke t mm	Quer-schnitt F cm²	Gewicht $\frac{kg}{m}$	J_x cm⁴	W_x cm³	J_y cm⁴	Freie Länge l cm	Bezeichnung des Profils
203	152	13,4	13,5	66,3	52.0	4437	437	647	203	Hy. No. $\frac{203}{152}$ B. S. B. 14.
203	158	13,8	13,5	67,5	53,0	4463	440	730	214	Hy. No. $\frac{203}{152}$ b; B. No. $\frac{203}{152}$ max.
203	159,9	15	13	68,8	54,0	4498	443	730	212	R. E. No. $\frac{203}{152}$ max.
210	*94*	*7,8*	*11,7*	*36,3*	*28,5*	*2558*	*244*	*137*	*126*	*Normal-Profil No. 21.*
210	99	. 12,8	11,7	46,8	36,7	2944	280	164	122	R. E. und B. N-P. No. 21 max.
220	65	6,8	9,3	26,3	20,6	1796	163	38,4	79,3	Hy. No. $\frac{220}{65}$-a.
220	71	12,8	9,3	39,5	31,0	2329	212	50,3	73,0	Hy. No. $\frac{220}{65}$ b.
220	*98*	*81*	*12,2*	*39,5*	*31,0*	*3055*	*278*	*· 163*	*132*	*Normal-Profil No. 22.*
220	103	13,1	12,2	50,5	39,6	3499	318	193	127	R. E. und B. N-P. No. 22 max.
220	220	9	14,75	82,6	64,8	7379	671	2216	337	Diff. No. 22 B.
228,6	177,8	12,3	18,7	90,2	70,8	8132	711	1471	262	A. F. No. $\frac{9}{7}$ min.
228,6	177,8	12,5	19	91,3	71,7	8161	714	1508	264	R. E. No. $\frac{228}{178}$ min.; B. No. $\frac{228,5}{177,8}$ min.
228,6	183,0	17,5	18,7	103	80,9	8650	757	1592	255	A. F. No. $\frac{9}{7}$ max.
228,6	187,3	22	19	113	88,7	9108	797	1796	260	R. E. No. $\frac{228}{178}$ max.
228,5	190,7	25,4	19	121	94,7	9443	826	1920	259	B. No. $\frac{228,5}{177,8}$ max.
229	101,5	7,5	11,25	38,5	30,2	3260	285	166	135	H. V. No. 22ᵃ.

Höhe h mm	Flansch-breite b mm	Steg-stärke d mm	Flansch-stärke t mm	Quer-schnitt F cm²	Gewicht $\frac{kg}{m}$	J_x cm⁴	W_x cm³	J_y cm⁴	Freie Länge l cm	Bezeichnung des Profils
229	102	7,6	11,6	39,8	31,2	3351	293	175	136	Hy. No. $\frac{229}{102}$ B. S. B. 15.
229	178	12	19,5	91,7	72,0	8164	713	1578	270	D. K. No. $\frac{9}{7}$ min.
229	177	13	20	95,4	74,9	8487	741	1571	264	Hy. No. $\frac{229}{177}$a.
229	178	13	20	95,8	75,2	8530	745	1600	266	V. No. $\frac{229}{178}$ min.
229	184	18	19,5	105	82,7	8764	765	1748	265	D. K. No. $\frac{.9}{7}$ max.
229	177	18,2	20	110	86,4	9065	792	1697	255	Hy. No. $\frac{229}{177}$ B. S. B. 16.
229	183,6	19,6	20	112	87,9	9147	799	1775	259	Hy. No. $\frac{229}{177}$b.
229	188	23	20	118	92,6	9533	833	1916	262	V. No. $\frac{229}{178}$ max.
230	102	8	11	38,9	30,5	3242	282	168	135	D. K. No. $\frac{9^1/_{16}}{4}$ min.
230	114	6,6	11,5	40,0	31,4	3599	314	239,5	159	R. E. No. $\frac{230}{114}$ min.; R. No. 9″ ✕ 4¹/₂″ min.
230	*102*	*8,4*	*12,6*	*42,6*	*33,4*	*3605*	*314*	*188*	*137*	*Normal-Profil Nr. 23.*
230	108	14	11	52,7	41,4	3850	334	203	127	D. K. No. $\frac{9^1/_{16}}{4}$ max.
230	107	13,4	12,6	54,1	42,5	4112	358	229	133	R. E. und B. N-P. No. 23 max.
230	120	12,6	11,5	53,8	42,2	4229	368	282	149	R. E. No. $\frac{230}{114}$ max.
230	121,5	14,1	11,5	56,9	44,7	4352	378	288	146	R. No. 9″ ✕ 4¹/₂″ max.
235	90	10	11,75	42,7	33,5	3426	292	128	112	V. No. 19; B. No. $\frac{23^1/_2}{9}$ min.

Höhe h mm	Flansch-breite b mm	Steg-stärke d mm	Flansch-stärke t mm	Quer-schnitt F cm²	Gewicht $\frac{kg}{m}$	J_x cm⁴	W_x cm³	J_y cm⁴	Freie Länge l cm	Bezeichnung des Profils
235	90	10	12	43,0	33,8	3471	295	130	112	St. No. 55.
235	102	7	11,5	38,4	30,1	3488	297	172	137	V. No. $\frac{235}{102}$ min.
235	90	10	12,8	44,6	35,0	3612	307	157,3	122	R. E. No. $\frac{235}{90}$ min.; H. V. No. 23¹/₂″; U. No. 23¹/₂; D. K. No. 23¹/₂.
235	95	15	11,75	54,4	42,7	3967	338	152	109	B. No. $\frac{23^1/_2}{9}$ max.
235	107,5	12,5	11,5	51,2	40,2	4083	348	192	126	V. No. $\frac{235}{102}$ max.
235	95	15	12,8	56,4	44,3	4188	356	167	112	R. E. No. $\frac{235}{90}$ max.
240	*106*	*8,7*	*13,1*	*46,1*	*36,2*	*4239*	*353*	*220*	*142*	*Normal-Profil No. 24.*
240	111	13,7	13,1	58,1	45,1	4815	401	266	139	R. E. und B. N-P. No. 24 max.
240	240	10	15,7	96,8	76,0	10260	855	3043	365	Diff. No. 24 B.
245	158	14	21	97,9	76,9	9618	785	1230	230	B. No. $\frac{245}{158}$ min.
245	163	19	21	110	86,4	10231	836	1358	228	B. No. $\frac{245}{158}$ max.
246	152	14	17,5	84,5	66,3	8054	655	884	210	Hy. No. $\frac{250}{140}$c.
247	150	12	18,5	81,0	63,6	8186	662	917	218	B. No. $\frac{247}{150}$ min.
247	155	17	18,5	93,3	73,2	8814	714	1016	215	B. No. $\frac{247}{150}$ max.
250	*110*	*9*	*13,6*	*49,7*	*39,0*	*4954*	*396*	*255*	*147*	*Normal-Profil No. 25.*
250	115	11	13,5	56,1	44,0	5363	429	301	151	B. No. $\frac{250}{115}$ min.

Höhe h mm	Flansch-breite b mm	Steg-stärke d mm	Flansch-stärke t mm	Quer-schnitt F cm²	Gewicht $\frac{kg}{m}$	J_x cm⁴	W_x cm³	J_y cm⁴	Freie Länge l cm	Bezeichnung des Profils
250	115	14	13,6	62,2	48,8	5605	448	300	143	R. E. und B. N-P. No. 25 max.
250	120	16	13,5	68,6	53,9	6014	482	345	146	B. No. $\frac{250}{115}$ max.
250	140	11	13,75	62,9	49,4	6388	511	524	188	V. No. $\frac{250}{140}$.
250	140	10	14,5	64,2	50,4	6536	523	582	196	B. No. $\frac{250}{140}$ min.
250	140	10	14,8	65,0	51,0	6648	532	570	192	Hy. No. $\frac{250}{140}$a.
250	142	12	14,8	70,0	55,0	6909	553	597	190	Hy. No. $\frac{250}{140}$b.
250	145	15	14,5	76,7	60,2	7187	575	650	189	B. No. $\frac{250}{140}$ max.
250	250	10,5	16,3	105	82,5	12066	965	3575	379	Diff. No. 25 B.
254	114	6,5	11,5	41,3	32,4	4525	356	235	154	R. E. No. $\frac{254}{114}$ min.
254	114	6,5	12	43,3	34,0	4598	362	254	157	B. No. $\frac{254}{114}$ min.
254	114	7	12	43,5	34,1	4719	372	254	157	V. No. $\frac{254}{114}$ min.
254	114	8	12,5	46,6	36,6	4869	383	266	155	D. K. No. $\frac{10}{4^{1}/_{2}}$ min.
254	114	8	12,6	47,7	37,4	4987	393	272	155	Hy. No. $\frac{254}{114}$a.
254	118,5	11	12	52,5	41,2	5212	410	286	151	B. No. $\frac{254}{114}$ max.
254	120	12,5	11,5	56,5	44,4	5345	421	280	144	R. E. No. $\frac{254}{114}$ max.
254	127	8	12,25	49,3	38,7	5355	422	353	174	H. V. No. 25ᴷ.

Höhe h mm	Flansch-breite b mm	Steg-stärke d mm	Flansch-stärke t mm	Quer-schnitt F cm²	Gewicht $\frac{kg}{m}$	J_x cm⁴	W_x cm³	J_y cm⁴	Freie Länge l cm	Bezeichnung des Profils
254	127	7,1	12,7	49,3	38,7	5406	426	368	177	B. No. $\frac{254}{127}$ min.
254	127	7	13	49,0	38,5	5491	432	377	180	R. E. No. $\frac{254}{127}$ min.; D. K. No. $\frac{10}{5}$ A. min.; A. F. No. $\frac{10}{5}$ min.
254	127	7,3	13	50,4	39,6	5515	434	378	178	Hy. No. $\frac{254}{127}$ a.
254	120	13	12	58,5	45,9	5538	436	355	160	V. No. $\frac{254}{114}$ max.
254	120	14	12,5	61,8	48,5	5638	448	314	146	D. K. No. $\frac{10}{4^{1}/_{2}}$ max.
254	120	14	12,6	62,9	49,4	5807	457	314	145	Hy. No. $\frac{254}{114}$ b
254	127	10	13	56,8	44,6	5884	463	380	168	Hy. No. $\frac{254}{127}$ B. S. B. 17.
254	127	7,5	14,5	53,2	41,8	5976	470	425	184	R. No. 10″ × 5″ min.
254	127	7,5	15,25	55,5	43,6	6223	490	448	185	D. K. No. $\frac{10}{5}$ B. min.
254	133	13,3	13	64,6	50,7	6292	496	416	165	D. K. No. $\frac{10}{5}$ A. max.; R. E. No. $\frac{254}{127}$ max.; Hy. No. $\frac{254}{127}$ b.
254	133,4	13,5	12,7	65,8	51,7	6334	499	429	166	B. No. $\frac{254}{127}$ max.; A. F. No. $\frac{10}{5}$ max.
254	140	8	14	57,5	45,1	6421	506	528	197	R. E. No. $\frac{254}{140}$ min.
254	132	12,5	14,5	65,6	51,5	6608	520	478	176	R. No. 10″ × 5″ max.
254	134	14,5	15,25	73,2	57,5	7176	565	531	175	D. K. No. $\frac{10}{5}$ B. max.

Höhe h mm	Flansch-breite b mm	Steg-stärke d mm	Flansch-stärke t mm	Quer-schnitt F cm²	Gewicht $\frac{kg}{m}$	J_x cm⁴	W_x cm³	J_y cm⁴	Freie Länge l cm	Bezeichnung des Profils
254	146	14	14	72,5	56,9	7245	570	609	189	R. E. No. $\frac{254}{140}$ max.
254	152	9	15,5	66,9	52,5	7409	583	781	222	D. K. No. $\frac{10}{6}$ min.
254	153	8,5	15,5	66,6	52,3	7540	594	769	221	R. E. No. $\frac{254}{153}$ min.
254	152	11	15,5	72,5	56,9	7727	608	784	214	Hy. No. $\frac{254}{152}$a; B. No. $\frac{254}{152}$ min.
254	152,4	11	15,5	72,5	56,9	7745	610	790	215	A. F. No. $\frac{10}{6}$ min.
254	152	14	15,5	79,6	62,5	8137	641	787	204	Hy. No. $\frac{254}{152}$ B. S. B. 1S.
254	152,4	11,1	16,7	75,3	59,1	8161	643	851	218	V. No. $\frac{254}{152}$ min.
254	158	15	15,5	82,1	64,4	8228	648	882	213	D. K. No. $\frac{10}{6}$ max.
254	156,9	15,5	15,5	83,4	65,5	8358	656	833	206	A. F. No. $\frac{10}{6}$ max.
254	159	14,5	15,5	81,6	64,1	8359	657	874	213	R. E. No. $\frac{254}{153}$ max.
254	158	17	15,5	87,7	68,8	8546	673	885	207	Hy. No. $\frac{254}{152}$b; B. No. $\frac{254}{152}$ max.
254	158	16,7	16,7	87,8	68,9	8920	708	940	213	V. No. $\frac{254}{152}$ max.
254	203	17,7	23,8	133	104	13843	1090	2861	301	D. K. No. $\frac{10}{8}$ min.
254	208	22,7	23,8	146	115	14529	1144	3087	299	D. K. Nn. $\frac{10}{8}$ max.
256	117	17	19,5	82,8	65,0	7843	613	487	157	B. No. $\frac{256}{117}$ min. (No. 25 d).

Höhe	Flansch-breite	Steg-stärke	Flansch-stärke	Quer-schnitt	Gewicht	J_x	W_x	J_y	Freie Länge	Bezeichnung des Profils
h	b	d	t	F	$\frac{kg}{m}$				l	
mm	mm	mm	mm	cm²		cm⁴	cm³	cm⁴	cm	
256	122	22	19,5	95,6	75,0	8542	667	549	156	B. No. $\frac{256}{117}$ max. (No. 25 d).
258	112	14,5	17	70,7	55,5	6860	532	365	148	B. No. $\frac{258}{112}$ min. (No. 25 c).
258	117	19,5	17	83,6	65,6	7576	588	418	145	B. No. $\frac{258}{112}$ max. (No. 25 c)
260	113	9,4	14,1	53,3	41,8	5735	441	287	151	Normal-Profil No. 26.
260	118	14,4	14,1	66,3	52,0	6467	497	335	146	R. E. und B. N-P. 26 max.
260	260	11	17,3	116,0	90,7	14352	1104	4261	394	Diff. No. 26 B.
262	96	9,5	14	49,6	38,9	5152	393	187	126	B. No. $\frac{262}{96}$ min. (No. 24).
262	101	14,5	14	62,7	49,2	5901	450	219	122	B. No. $\frac{262}{96}$ max. (No. 24).
270	116	9,7	14,7	57,1	44,8	6623	491	325	155	Normal-Profil No. 27.
270	121	14,7	14,7	70,6	55,4	7443	552	386	151	R. E. N-P. No. 27 max.
270	270	11,25	18,4	123,0	96,7	16529	1224	4920	411	Diff. No. 27 B.
280	119	10,1	15,2	61,0	47,9	7575	541	363	159	Normal-Profil No. 28.
280	124	15,1	15,2	75,0	58,9	8490	606	420	154	R. E. und B. N-P. No. 28 max.
280	280	11,5	18,4	132,0	103,0	19052	1361	5671	426	Diff. No. 28 B.
290	122	10,4	15,7	64,8	50,9	8619	594	403	162	Normal-Profil No. 29.
290	127	15,4	15,7	79,3	62,3	9635	664	467	157	R. E. N-P. 29 max.
290	290	12	19,0	141,0	111,0	21866	1508	6417	439	Diff. No. 29 B.
300	125	10,8	16,2	69,0	54,2	9785	652	449	166	Normal-Profil No. 30.
300	128	13,8	16,2	78,0	61,2	10460	697	479	161	Hy. No. 30 b.

Höhe	Flansch-breite	Steg-stärke	Flansch-stärke	Quer-schnitt	Gewicht,	J_x	W_x	J_y	Freie Länge	Bezeichnung des Profils
h	b	d	t	F	$\frac{kg}{m}$				l	
mm	mm	mm	mm	cm²		cm⁴	cm³	cm⁴	cm	
300	130	15,8	16,2	84,0	65,9	10910	727	521	162	R. E. und B. N.-P. No. 30 max.
300	300	12,5	19,75	152	119	25201	1680	7494	456	Diff. No. 30 B.
304	127	9	14	60,2	47,3	9059	596	406	169	V. No. $\frac{304}{127}$ min.
304	133	15	14	78,2	61,4	10464	688	479	161	V. No. $\frac{304}{127}$ max.
305	127	8,9	14	60,7	47,6	9161	601	406	168	Hy. No. $\frac{305}{127}$ B. S. B. 20.
305	127	8,8	13,8	59,7	46,9	8978	589	396	168	R. No. 12″×5″ min; D. K. No. $\frac{12}{5}$ min.
305	133	8,3	13,5	59,5	46,7	9091	596	454	179	B. No. 305 I ' min.
305	127	7,2	14,5	57,3	45,0	9159	600	419	176	R. E. No. $\frac{305}{127}$ min.
305	133	8,7	13,5	61,5	48,3	9401	617	455	177	R. E. No. $\frac{305}{133}$ min.
305	127	8	15	61,5	48,3	9488	626	438	174	A. F. No. $\frac{12}{5}$ min.
305	132	13,8	13,8	75,0	58,9	10160	667	482	165	R. No. 12″×5″ max.
305	133	15	14	78,4	61,5	10405	682	479	161	D. K. No. $\frac{12}{5}$ max.
305	140	15,3	13,5	80,8	63,4	10746	704	530	167	B. No. 305 I max.
305	134	14,2	14,5	78,8	61,9	10814	708	500	163	R. E. No. $\frac{305}{127}$ max.
305	133,3	14,3	15	79,3	62,3	10893	719	516	166	A. F. No. $\frac{12}{5}$ max.
305	140	15,7	13,5	82,9	65,0	11103	728	532	164	R. E. No. $\frac{305}{133}$ max.
305	152	9	15,25	71,8	56,4	11291	740	739	209	H. V. No. 30 E.

Höhe h mm	Flansch-breite b mm	Steg-stärke d mm	Flansch-stärke t mm	Quer-schnitt F cm²	Gewicht kg/m	J_x cm⁴	W_x cm³	J_y cm⁴	Freie Länge l cm	Bezeichnung des Profils
305	152	8,8	16	72,3	56,7	11468	752	807	217	D. K. No. $\frac{12}{6}$ A. min.
305	152	9	16	73,3	57,5	11667	765	808	216	B. No. 305 III min.
305	140	9,9	17,5	76,5	60,1	11762	771	705	198	B. No. 305 II min.
305	150	9,3	16,5	76,1	59,7	11895	780	784	209	R. E. No. $\frac{305}{150}$ min.
305	152,4	10,3	15	74,4	58,4	11897	781	731	204	V. No. 305 min.
305	152,5	9,5	16,5	76,2	59,8	12075	797	809	212	A. F. No. $\frac{12}{6}$ min.
305	152	8,8	17	76,3	59,9	12193	800	846	216	Hy. No. $\frac{305}{152}$ a; R. No. 12″ ✕ 6″ min.
305	157,4	15,4	15	89,7	70,4	12613	827	819	196	V. No. 305 max.
305	152	10	18	81,6	64,1	12728	835	908	217	D. K. No. $\frac{12}{6}$ B. min.
305	152	11,3	17	83,4	65,5	12784	839	848	207	Hy. No. $\frac{305}{152}$ B. S. B. 21.
305	157	14	16	88,5	69,5	12847	843	890	206	B. No. 305 III max.
305	158	14,8	16	90,6	71,1	12886	845	911	206	D. K. No. $\frac{12}{6}$ A. max.
305	147	16,9	17,5	97,8	76,8	13417	880	823	189	B. No. 305 II max.
305	158	14,8	17	93,8	73,6	13612	893	957	207	Hy. No. $\frac{305}{152}$ b.
305	158,5	15,5	16,5	96,0	75,4	13758	902	933	203	A. F. No. $\frac{12}{6}$ max.
305	158	15	17	94,3	74,0	14090	924	959	207	R. No. 12″ ✕ 6″ max.
305	160	18	18	105	82,4	14462	948	1068	222	D. K. No. $\frac{12}{6}$ B. max.
305	162,4	21,7	16,5	114	89,5	14803	971	1031	195	R. E. No. $\frac{305}{150}$ max.

Höhe h mm	Flansch-breite b mm	Steg-stärke d mm	Flansch-stärke t mm	Quer-schnitt F cm²	Gewicht $\frac{kg}{m}$	J_x cm⁴	W_x cm³	J_y cm⁴	Freie Länge l cm	Bezeichnung des Profils
305	152	12,7	22,4	102	80,1	15632	1026	1177	221	Hy. No. $\frac{305}{152}$ B. S. B. 22; A. F. No. $\frac{12}{6}$ min.
305	162,5	15	21,5	110	86,4	16066	1060	1372	229	B. No. 305 IV min.
305	157,8	18	22,4	119	93,4	16968	1113	1318	216	A. F. No. $\frac{12}{6}$ max.
305	167,5	20	21,5	125	98,1	17225	1137	1508	226	B. No. 305 IV max.
305	203	16,5	22,6	133	104	20276	1330	2718	294	D. K. No. $\frac{12}{8}$ min.
305	208	21,5	22,6	148	116	21457	1407	2933	289	D. K. No. $\frac{12}{8}$ max.
320	*131*	*11,5*	*17,3*	*77,7*	*61,0*	*12493*	*781*	*554*	*174*	*Normal-Profil No. 32.*
320	136	16,5	17,3	93,7	73,6	13858	866	639	170	R. E. und B. N.-P. Nr. 32 max.
320	300	13	20,6	160,7	126,2	30119	1882	7867	454	Diff. No. 32 B
340	*137*	*12,2*	*18,3*	*86,7*	*68,1*	*15670*	*922*	*672*	*181*	*Normal-Profil No. 34.*
340	142	17,2	18,3	104	81,6	17808	1018	774	177	R. E B. und N.-P. No. 34 max.
340	300	13,4	21,1	167,4	131,4	35241	2073	8097	452	Diff. No. 34 B.
350	140	11	18,5	86,5	67,9	17025	973	738	190	R. E. No. $\frac{350}{140}$ min.
350	145	16	18,5	104	81,6	18906	1080	832	184	R. E. No. $\frac{350}{140}$ max.
355	152	9	17,5	81,9	64,4	17704	993	882	213	V. No. $\frac{355}{152}$ min.
355	157	14	17,5	101	79,3	19568	1221	970	202	V. No. $\frac{355}{152}$ max.
356	152	10,5	15,5	81,6	64,1	16671	936	776	200	A. F. No. $\frac{14}{6}$ min.

Höhe h mm	Flansch-breite b mm	Steg-stärke d mm	Flansch-stärke t mm	Quer-schnitt F cm²	Gewicht $\frac{kg}{m}$	J_x cm⁴	W_x cm³	J_y cm⁴	Freie Länge l cm	Bezeichnung des Profils
356	152	10,5	17,4	87,1	68,4	18083	985	870	205	Hy. No. $\frac{356}{152}$ B. S. B. 23.
356	152	11	17,5	89,0	69,9	18212	1023	884	205	D. K. No. $\frac{14}{6}$ min.; Hy. No. $\frac{356}{152}$a.
356	156,7	15,5	15,5	99,5	78,1	18438	1036	840	189	A. F. No. $\frac{14}{6}$ max.
356	158	17	17,5	109	85,6	20468	1150	1021	199	D. K. No. $\frac{14}{6}$ max.; Hy. No. $\frac{356}{152}$b.
356	152	12,7	22,1	108	84,8	22187	1248	1163	214	Hy. No. $\frac{356}{152}$ B. S. B. 24.
360	*143*	*13*	*19,5*	*97*	*76,2*	*19576*	*1088*	*817*	*189*	*Normal-Profil No. 36.*
360	148	18	19,5	115	90,3	21520	1196	924	184	R. E. und B. N-P. No. 36 max.
360	300	14,2	22,6	182	143	42479	2360	8793	452	Diff. No. 36 B.
380	127	10	15,7	75,9	59,6	16805	885	466	161	Hy. No. $\frac{380}{127}$a.
380	127	11	15,7	79,6	62,5	17262	909	467	157	Hy. No. $\frac{380}{127}$ B. S. B. 25.
380	133	16	15,7	98,7	77,5	19549	1029	547	153	Hy. No. $\frac{380}{127}$b.
380	*149*	*13,7*	*20,5*	*107*	*84,0*	*23978*	*1262*	*972*	*196*	*Normal-Profil No. 38.*
380	154	18,7	20,5	126	98,9	26264	1382	1092	191	R. E. und B. N-P. No. 38 max.
380	300	14,8	23,4	191,2	150,1	49496	2605	9175	450	Diff. No. 38 B.
381	127	10,5	15	74,5	58,5	16265	854	443	158	D. K. No. $\frac{15}{5}$ min.
381	127	10,7	16,4	79,1	62,1	17688	928	497	163	A. F. No. $\frac{15}{5}$ min.
381	140	10	15	78,4	61,5	18076	948	572	176	R. E. No. $\frac{381}{140}$ min.

Höhe h mm	Flansch-breite b mm	Steg-stärke d mm	Flansch-stärke t mm	Quer-schnitt F cm²	Gewicht $\frac{kg}{m}$	J_x cm⁴	W_x cm³	J_y cm⁴	Freie Länge l cm	Bezeichnung des Profils
381	140	9	16	76,9	60,4	18118	957	623	185	V. No. $\frac{381}{140}$ min.
381	140	9,4	16	77,6	60,9	18300	962	638	186	B. No. 381 I min.
381	139,7	10,4	15,8	80,5	63,2	18375	965	609	179	R. No. 15″ ✕ 5,5″ min.
381	133	16,5	15	97,4	76,5	19029	999	517	150	D. K. No. $\frac{15}{5}$ max.
381	145	15	15	97,5	76,5	19982	1049	662	169	R. E. No. $\frac{381}{140}$ max.
381	132	15,7	16,4	98,1	77,0	19992	1050	562	155	A. F. No. $\frac{15}{5}$ max.
381	145	14,4	16	96,6	75,8	20604	1085	711	176	B. No. 381 I max.
381	147	16	16	103	80,9	21340	1120	718	172	V. No. $\frac{381}{140}$ max.
381	152,4	11,1	18	94,3	74,0	21885	1148	913	202	A. F. No. $\frac{15}{6}$ min.
381	146	11,4	19	95,4	74,9	22026	1156	873	197	B. No. 381 II min.
381	148,7	19,4	15,8	115	90,3	22523	1182	755	167	R No 15″ ✕ 5,5″ max.
381	157,1	15,9	18	113	88,7	24052	1263	1013	194	A. F. No. $\frac{15}{6}$ max.
381	151	16,4	19	114	89,5	24330	1277	974	190	B. No. 381 II max.
400	140	16	17	107	84,0	24005	1200	690	165	Hy. No. $\frac{400}{140}$.
400	*155*	*14,4*	*21,6*	*118*	*92,6*	*29173*	*1459*	*1160*	*204*	*Normal-Profil No. 40.*
400	160	19,4	21,6	138	108	31839	1592	1295	199	R. E. und B. N-P. No. 40 max.
400	300	15,5	24,6	204	160	57834	2892	9721	449	Diff. No. 40 B.
406	152	11	20	100	78,5	26329	1297	1005	206	V. No. $\frac{406}{152}$ min.

Höhe h mm	Flansch-breite b mm	Steg-stärke d mm	Flansch-stärke t mm	Quer-schnitt F cm²	Gewicht $\frac{kg}{m}$	J_x cm⁴	W_x cm³	J_y cm⁴	Freie Länge l cm	Bezeichnung des Profils
406	152	14	20	112	87,9	27892	1374	1014	196	D. K. No. $\frac{16}{6}$ min.
406	152	14	21,5	118	92,6	30214	1487	1127	201	Hy. No. $\frac{406}{152}$ B. S. B. 27.
406	157	16	20	121	95,0	29950	1475	1121	198	V. No. $\frac{406}{152}$ max.
406	158	20	20	136	107	31238	1539	1152	189	D. K. No $\frac{16}{6}$ max.
425	163	15,3	23	132	104	36956	1739	1433	214	Normal-Profil No. 42¹/₂.
425	168	20,3	23	153	120	40155	1889	1600	210	R. E. und B. N-P. No. 42¹/₂ max.
425	300	16	25,4	214	168	68249	3212	10078	446	Diff. No. 42¹/₂ B.
450	170	16,2	24,3	147	115	45888	2040	1722	222	Normal-Profil No. 45.
450	175	21,2	24,3	170	133	49688	2208	1920	218	R. E. und B. N-P. No. 45 max.
450	300	17	26,7	229	180	80887	3595	10668	444	Diff. No. 45 B.
457,2	152,4	11,7	17,5	103	80,7	33110	1448	881	190	B. No. $\frac{457,2}{152,4}$ min.
457	152	11,7	18	104	81,6	33153	1451	911	192	D. K. No. $\frac{18}{6}$ min.
457	153	11,7	17,6	104	81,6	33195	1453	896	190	R. E. No. $\frac{457}{153}$ min.
457	158	17,7	18	132	104	37931	1660	1034	182	D. K. No. $\frac{18}{6}$ max.
457	159,1	17,8	17,6	132	104	38047	1665	1030	181	R. E. No. $\frac{457}{153}$ max.
457,2	159	18,3	17,5	134	105	38070	1670	1025	180	B. No. $\frac{457,2}{152,4}$ max.
457	178	15	22,9	142	111	46408	2031	1861	235	D. K. No. $\frac{18}{7}$ min.

3

Höhe h mm	Flansch-breite b mm	Steg-stärke d mm	Flansch-stärke t mm	Quer-schnitt F cm²	Gewicht $\frac{kg}{m}$	J_x cm⁴	W_x cm³	J_y cm⁴	Freie Länge l cm	Bezeichnung des Profils
457	178	14	23,5	142	111	47849	2093	1940	241	Hy. No. $\frac{457}{178}$ B. S. B. 28.
457	184	21	22,9	171	134	51184	2240	2072	226	D. K. No. $\frac{18}{7}$ max.
475	178	17,1	25,6	163	128	56410	2375	2084	232	Normal-Profil No. 47¹/₂.
475	183	22,1	25,6	187	147	60876	2563	2300	228	R. E. und B. N-P. No. 47¹/₂ max.
475	300	17,6	27,7	242	190	94811	3992	11142	441	Diff. No. 47¹/₂ B.
500	185	18	27	179	141	68736	2750	2470	241	Normal-Profil No. 50.
500	190	23	27	204	160	73944	2958	2728	237	R. E. und B. N-P. No. 50 max.
500	300	19,4	28,9	262	206	111283	4451	11718	435	Diff. No. 50 B.
508	159	12,7	20	123	96,6	48016	1890	1158	200	D. K. No. $\frac{20}{6^{1}/_{4}}$ min.
508	160	12,5	195	122	95,8	48398	1905	1339	215	R. E. No. $\frac{508}{160}$ min.; B. No. $\frac{508}{160}$ min.
508	165	18,7	20	155	122	54559	2148	1310	189	D. K. No $\frac{20}{6^{1}/_{4}}$ max.
508	170	22,5	19,5	173	136	59403	2339	1641	200	R. E. No. $\frac{508}{160}$ max.; B. No. $\frac{508}{160}$ max.
508	190,5	15,2	25,6	169	133	69559	2739	2621	256	Hy. No. $\frac{508}{190,5}$ B. S. B. 29.
508	190	15,5	26,7	171	134	70205	2764	2637	255	D. K. No. $\frac{20}{7^{1}/_{2}}$ min.
508	196	21,5	26,7	201	158	76759	3022	2914	248	D. K. No. $\frac{20}{7^{1}/_{2}}$ max.
550	196	15	28	181	142	88203	3207	3034	266	D. K. No 55 A.
550	196	15	29	189	148	92110	3349	3212	266	R. E. No. $\frac{550}{196}$.

Höhe h mm	Flansch-breite b mm	Steg-stärke d mm	Flansch-stärke t mm	Quer-schnitt F cm²	Gewicht $\frac{kg}{m}$	J_x cm⁴	W_x cm³	J_y cm⁴	Freie Länge l cm	Bezeichnung des Profils
550	200	19	30	212	167	99054	3602	3486	263	Normal-Profil No. 55.
550	203	22	30	229	180	103997	3782	3676	260	R. E. N-P. No. 55 max.
550	205	24	30	240	188	105986	3858	3720	255	B. N-P. No. 55 max.
550	300	20,6	30,75	288	226	145957	5308	12582	430	Diff. No. 55 B.
600	215	21,6	32,4	254	199	138957	4632	4591	276	U. N-P. No. 60; R. N-P. No. 60.
600	300	20,8	31,0	300,6	236	179303	5977	12672	422	Diff. No. 60 B.
610	177,8	12,7	22,1	152	119	86825	2848	1782	222	R. E. No. $\frac{610}{178}$ min.
610	184,1	19	22,1	190	149	98718	3238	2016	211	R. E. No. $\frac{610}{178}$ max.
650	300	21,1	31,25	315	247	217404	6690	12814	415	Diff. No. 65 B.
750	300	21,1	31,25	336	263	302560	8068	12823	402	Diff. No. 75 B.

3*

⊏-Eisen.

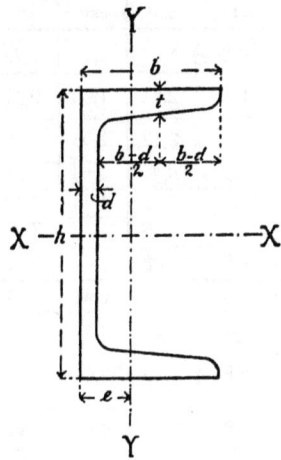

Höhe h mm	Flansch-breite b mm	Steg-stärke d mm	Flansch-stärke t mm	Quer-schnitt F cm²	Gewicht $\frac{kg}{m}$	Schwer-punkts-abstand c mm	J_z cm⁴	W_z cm³	J_y cm⁴	Bezeichnung des Profils
26	13	4	4	1,76	1,38	4,3	1,47	1,13	0,22	F.; K. No. 1.
30	15	4	4,5	2,19	1,72	5,2	2,44	1,63	0,40	V. No. $\frac{30}{15}$; St. No. 1; B. No. $\frac{30}{15}$ min.
30	18	7	4,5	3,09	2,43	6,2	3,12	2,08	0,69	B. No $\frac{30}{15}$ max.
30	*33*	*5*	*7*	*5,44*	*4,27*	*13,1*	*6,39*	*4,26*	*5,33*	*Normal-Profil No. 3.*
30	35	7	7	6,04	4,74	14,2	6,84	4,56	6,48	R. E. N-P. No. 3 max.
30	36	8	7	6,34	4,98	14,6	7,06	4,71	7,06	B. N-P. No. 3 max.
32	15	4	4	2,17	1,70	4,6	2,83	1,77	0,35	F.; K. No. 2.
35	17,5	4	4,75	2,72	2,14	5,6	4,39	2,51	0,64	Hy. No. 35.
40	20	5	4,5	3,41	2,68	6,6	6,94	3,47	1,11	Hy. No. 40.
40	20	5	5	3,56	2,79	6,8	7,29	3,64	1,22	B. No. $\frac{40}{20}$ min.; R. E. No. $\frac{40}{20}$ min.; V. No. $\frac{40}{20}$; K. No. 3; St. No. 3; D. K. W-P. No. 4.
40	22	7	5	4,30	3,37	7,2	8,4	4,2	1,49	R. E. No. $\frac{40}{20}$ max.
40	20	6,5	6,5	4,36	3,42	7,6	8,45	4,23	1,35	K. No. 4.
40	23	8	5	4,76	3,74	7,5	8,89	4,44	1,81	B. No. $\frac{40}{20}$ max.
40	*35*	*5*	*7*	*6,21*	*4,88*	*13,3*	*14,1*	*7,10*	*6,68*	*Normal-Profil No. 4.*
40	37	7	7	7,01	5,50	13,7	15,2	7,64	8,44	R. E. N-P. No. 4 max.
40	38	8	7	7,41	5,82	13,9	15,7	7,85	9,32	B. N-P. No. 4 max.
44,5	31,75	4	4	4,00	3,14	10,5	12,5	5,6	3,50	V. No. $\frac{45}{32}$.
45	38	5	6	6,41	5,03	14,0	19,8	8,80	8,64	R. E. No. $\frac{45}{38}$ min.

Höhe h mm	Flansch-breite b mm	Steg-Stärke d mm	Flansch-stärke t mm	Quer-schnitt F cm²	Gewicht $\frac{kg}{m}$	Schwer-punkts-abstand c mm	J_x cm⁴	W_x cm³	J_y cm⁴	Bezeichnung des Profils
45	38	5	6,5	6,54	5,13	14,0	19,8	8,82	8,81	D. K. W-P. 4¹/₂.
45	40	7	6	7,30	5,73	14,3	21,3	9,50	10,6	R. E. No. $\frac{45}{38}$ max.
45	42	6,5	6,5	7,50	5,89	15,2	21,7	9,65	11,8	R. E. No. $\frac{45}{42}$ min.
45	44	8,5	6,5	8,40	6,60	15,4	23,2	10,3	13,9	R. E. No. $\frac{45}{42}$ max.
45	45	8	7	8,60	6,75	15,5	24,4	10,8	14,6	R. E. No. $\frac{45}{45}$.
47	24	6	5,5	4,80	3,77	7,8	13,8	5,86	2,29	U. No. 2; D. K. W-P. 4³/₄; B. No. $\frac{47}{24}$ min.
47	27	9	5,5	6,21	4,87	8,7	16,3	6,95	3,28	B. No. $\frac{47}{24}$ max.
48	20	5	5	3,90	3,06	6,1	11,7	4,82	1,41	U. No. 1; D. K. W-P. 4³/₄ A.
49	25	6	6	5,22	4,08	8,5	16,5	6,73	2,76	Hy. No. 49.
50	26	7	6	5,70	4,47	8,4	17,9	7,16	2,98	R. E. No. $\frac{50}{26}$ min.
50	25	6	6,5	5,47	4,30	8,5	18,0	7,2	2,81	B. No. $\frac{50}{25}$ min.; V. No. $\frac{50}{25}$; St. No. 5.
50	28	9	6	6,70	5,26	9,0	20,0	8,00	4,12	R. E. No. $\frac{50}{26}$ max.
50	28	9	6,5	7,00	5,49	9,3	20,4	8,16	3,96	B. No. $\frac{50}{25}$ max.
50	38	5	7	7,12	5,59	13,7	26,4	10,6	9,12	Normal-Profil No. 5.
50	38	5	8	7,17	5,63	14,8	28,4	11,3	10,3	H. V. No. 5.
50	40	7	7	8,12	6,37	14,0	28,5	11,4	11,4	R. E. N-P. No. 5 max. und Hy. No. 5b.
50	41	8	7	8,62	6,76	14,1	29,5	11,8	12,6	B. N-P. No. 5 max.

Höhe h mm	Flansch-breite b mm	Steg-stärke d mm	Flansch-stärke t mm	Quer-schnitt F cm²	Gewicht $\frac{kg}{m}$	Schwer-punkts-abstand e mm	J_x cm⁴	W_x cm³	J_y cm⁴	Bezeichnung des Profils
55	26	5	5,5	5,10	4,00	8,8	20,9	7,60	3,32	D. K. W-P. 5¹/₂.
55	26	5	6	5,27	4,11	8,8	22,1	8,05	3,39	R. E. No. $\frac{55}{26}$ min.
55	28	7	6	6,37	5,00	9,0	24,9	9,06	4,02	R. E. No. $\frac{55}{26}$ max.
56	15	5	8,5	4,50	3,53	5,3	17,0	6,07	0,79	B. No. $\frac{56}{15}$ min.
56	18	8	8,5	6,18	4,85	6,5	21,4	7,65	1,37	B. No. $\frac{56}{15}$ max.
57	30	6	7	6,78	5,32	9,8	30,4	10,7	4,12	U. No. 4.
57	33	6	6	6,70	5,26	10,3	31,4	11,0	5,16	K. No. 5.
57	31,5	6,5	8,4	7,91	6,21	11,6	35,1	12,3	7,51	R. E. No. $\frac{57}{31,5}$ min.
57	38	6,5	6,5	7,80	6,12	12,2	37,1	13,0	9,94	K. No. 6.
57	33,5	8,5	8,4	9,10	7,14	12,0	38,2	13,4	8,72	R. E. No. $\frac{57}{31,5}$ max.
57	38	6,5	7,4	8,43	6,62	13,0	38,5	13,5	11,3	R. E. No. $\frac{57}{38}$ min.; B. No. $\frac{57}{38}$ min.; D K. W-P. 5³/₄; V. No. 3.
57	40	8,5	7,4	9,60	7,54	14,1	42,0	14,7	13,6	R. E. No. $\frac{57}{38}$ max.
57	41	9,5	7,25	10,1	7,95	13,6	43,1	15,1	14,6	B. No. $\frac{57}{38}$ max.
58	19	7	10,1	6,50	5,10	7,1	25,5	8,80	1,81	R. E. No. $\frac{58}{19}$ min.
58	27	5	6,5	5,76	4,52	8,5	27,2	9,38	2,94	U. No. 3.
58	21	9	10,1	7,66	6,01	7,8	28,7	9,91	2,42	R. E. No. $\frac{58}{19}$ max.

Höhe h mm	Flansch-breite b mm	Steg-stärke d mm	Flansch-stärke t mm	Quer-schnitt F cm²	Gewicht $\frac{kg}{m}$	Schwer-punkts-abstand e mm	J_x cm⁴	W_x cm³	J_y cm⁴	Bezeichnung des Profils
58	27,5	6	7,5	6,70	5,26	9,4	30,4	10,4	4,13	R. E. No. $\frac{58}{27,5}$ min.
58	29,5	8	7,5	7,86	6,17	8,0	33,6	11,6	5,62	R. E. No. $\frac{58}{27,5}$ max.
59	13,25	3,25	10	4,00	3,14	5,6	17,7	6,00	0,48	R. E. No. $\frac{59}{13,25}$ min.
59	17	7	10	6,20	4,87	6,3	21,5	8,10	1,30	R. E. No. $\frac{59}{13,25}$ max.
59	34	7	7,2	8,10	6,36	11,7	38,2	13,0	8,30	R. E. No. $\frac{59}{34}$ min.
59	36	9	7,2	9,29	7,27	12,1	41,7	14,1	10,2	R. E. No. $\frac{59}{34}$ max.
60	24	5	5	4,96	3,86	6,7	23,4	7,80	2,08	Hy. No. 60.
60	24	5	6,1	5,82	4,18	7,5	23,3	8,12	2,65	B. No. $\frac{60}{24}$ min.
60	20	5	7,5	5,25	4,11	6,8	24,6	8,22	1,80	R. E. No. $\frac{60}{20}$ min.
60	22	7	7,5	6,45	5,06	7,3	28,2	9,41	2,73	R. E. No. $\frac{60}{20}$ max.
60	27	8	6,1	7,12	5,59	8,4	28,7	9,57	3,82	B. No. $\frac{60}{24}$ max.
60	30	6	6	6,48	5,09	8,7	31,9	10,6	4,55	Hy. No. 60 bis; F.
60	30	6	7,4	7,13	5,60	10,4	35,4	11,8	5,82	R. E. No. $\frac{60}{30}$ min.; B. No. $\frac{60}{30}$ min.; D. K. W-P. 6; V. No. $\frac{60}{30}$; St. No. 7.
60	32	8	7,4	8,33	6,54	10,8	39,0	13,0	7,23	R. E. No. $\frac{60}{30}$ max.
60	33	9	7,5	8,90	7,00	11,0	41,1	13,7	7,98	B. No. $\frac{60}{30}$ max.

Höhe h mm	Flansch-breite b mm	Steg-stärke d mm	Flansch-stärke t mm	Quer-schnitt $F.$ cm²	Gewicht $\frac{kg}{m}$	Schwer-punkts-abstand e mm	J_x cm⁴	W_x cm³	J_y cm⁴	Bezeichnung des Profils
65	42	5,5	7,5	9,03	7,10	14,2	57,5	17,7	14,1	*Normal-Profil No. 6 ¹/₂.*
65	44	7,5	7,5	10,3	8,11	14,3	62,1	19,1	17,3	R. E. N-P. No. 6¹/₂ max. und Hy. No. 6¹/₂ b.
65	45	8,5	7,5	11,0	8,64	14,3	64,4	19,8	18,9	B. N-P. No. 6¹/₂ max.
65	50	9	7,5	12,0	9,42	16,1	95,5	29,4	25,0	D. K. W-P. 6¹/₂.
74	35	8	6,5	9,43	7,40	10,0	67,2	17,7	8,62	St. No. 10.
74	45	10	7,5	12,7	9,97	12,2	92,1	24,9	17,4	Hy. No. 74.
74	45	10	9	13,6	10,7	15,0	101	27,2	22,9	St. No. 12.
75	30	7	6	8,02	6,30	8,1	57,5	15,3	5,19	St. No. 9.
75	30	7	7,1	8,60	6,75	9,0	62,4	16,6	6,23	B. No. $\frac{75}{30}$ min.; V. No. 5.
75	35	6	6,2	8,13	6,38	11,0	63,8	17,0	8,82	R. E. No. $\frac{75}{35}$ min.; Hy. No. 75; D. K. W-P. 7¹/₂; H. V. No. 7¹/₂ a; F.
75	35	6	7,5	8,80	6,91	11,0	70,8	18,9	10,0	A. F. No. $\frac{75}{35}$; B. No. $\frac{75}{35}$ min.; G. No. 7¹/₂; U. No. 5; K. No. 7; V. No. 7¹/₂.
75	37	8	6,2	9,63	7,55	10,9	70,8	18,9	10,5	R. E. No. $\frac{75}{35}$ max.
75	35	8	8	10,3	8,09	11,2	72,2	19,2	10,1	V. No. 7¹/₂ W.; H. V. No. 7¹/₂ d; F.
75	33	10	7,1	10,8	8,48	9,9	72,9	19,5	8,25	B. No. $\frac{75}{30}$ max.
75	36,5	8	7,5	10,3	8,08	12,6	76,8	20,5	11,0	V. No. 6.
75	40	7	7	9,87	7,75	12,8	77,9	20,8	14,2	R. E. No. $\frac{75}{40}$ · 7 min.
75	38	9	7,5	11,2	8,71	11,6	81,3	21,7	13,1	B. No. $\frac{75}{35}$ max.

Höhe h mm	Flansch- breite b mm	Steg- stärke d mm	Flansch- stärke t mm	Quer- schnitt F cm²	Gewicht kg/m	Schwer- punkts- abstand e mm	J_x cm⁴	W_x cm³	J_y cm⁴	Bezeichnung des Profils
75	37	8	8	10,6	8,32	11,2	84,2	22,4	9,53	U. No. 6.
75	40	7	8	10,5	8,24	12,7	84,2	22,4	11,6	U. No. 7.
75	40	9	7,5	11,5	9,03	11,9	84,8	22,6	13,4	Hy. No. 75 bis.
75	42	9	7	11,4	8,95	12,6	85,2	22,7	15,5	R. E. No. $\frac{75}{40}$ · 7 max.
75	40	8	7,9	11,1	8,71	12,9	85,3	22,7	15,3	D. K. W-P. 7½ A.
75	40	9	8,25	11,9	9,34	12,7	88,3	23,7	16,2	V. No. 7; B. No. $\frac{75}{40}$ min.; St. No.11; A. F. No. $\frac{75}{40}$.
75	40	9	7,9	11,7	9,68	12,9	87,0	23,2	15,7	R. E. No. $\frac{75}{40}$ · 9 min.
75	42	11	7,9	13,2	10,4	13,3	94,1	25,1	18,3	R. E. No. $\frac{75}{40}$ · 9 max.
75	45	8	8	11,9	9,34	15,1	94,9	25,3	22,2	H. V. No. 7½ b; F.
75	45	8	8,4	12,3	9,65	15,4	97,1	25,9	22,8	R. E. No. $\frac{75}{45}$ · 8 min.; K. No. 8; D. K. W-P. 7½ B.
75	43	12	8,25	14,1	11,1	13,4	99,4	26,5	20,3	B. No. $\frac{75}{40}$ max.
75	45	8	8,75	12,5	9,81	15,0	99,6	26,6	24,1	B. No. $\frac{75}{45}$a min.
75	45	8	9	12,7	9,96	14,5	101	27,0	23,2	U. No. 8.
75	45	10	8,75	13,6	10,7	14,6	101	27,0	22,5	V. No. 8.
75	47	10	8,4	13,8	10,7	15,6	104	27,8	26,5	R. E. No. $\frac{75}{45}$ · 8 max.
75	50	8	10	14,4	11,3	15,8	107	28,6	29,2	D. K. W-P. 7½ D.
75	45	10	10	14,5	11,4	15,3	110	29,3	26,2	H. V. No. 7½ C.; B. No. $\frac{75}{45}$b. min.; F.
75	48	11	8,75	14,8	11,6	15,6	111	29,4	29,1	B. No. $\frac{75}{45}$a max.

Höhe h mm	Flansch-breite b mm	Steg-stärke d mm	Flansch-stärke t mm	Quer-schnitt F cm²	Gewicht $\frac{kg}{m}$	Schwer-punkts-abstand e mm	J_x cm⁴	W_x cm³	J_y cm⁴	Bezeichnung des Profils
75	45	10	10,5	15,0	11,7	15,8	112	29,9	25,6	R. E. No. $\frac{75}{45}$ · 10 min.
75	45	10	11	15,2	11,9	16,0	115	30,6	26,4	U. No. 10.
75	50	9	9,5	14,4	11,3	16,8	116	30,9	32,0	U. No. 9.
75	47	12	10,5	16,5	12,9	17,3	119	31,8	30,9	R. E. No. $\frac{75}{45}$ · 10 max.; D. K. W-P. 7½ C.;
75	48	13	10	16,9	13,3	16,0	121	32,2	32,0	B. No. $\frac{75}{45}$ b max.
76	44	8	8,3	12,0	9,42	14,2	97,3	25,6	18,0	D. K. No. $\frac{3}{1^3/_4}$.
76	55	7,5	11,5	16,5	12,9	21,2	129	34,3	48,8	D. K. W-P. 7½ E.
76	55	10	11,2	17,7	13,9	20,7	143	37,7	50,3	R. E. No. $\frac{76}{55}$ min.; U. No. 11.
76	57	12	11,2	19,2	15,1	20,9	150	39,6	56,8	R. E. No. $\frac{76}{55}$ max.
76	55	9	13,25	19,2	15,1	20,7	155	40,7	50,3	Hy. No. 76.
78,5	51	7	9,2	13,7	10,7	17,9	126	32,0	32,1	R. E. No. $\frac{78.5}{51}$ min.
78,5	53	9	9,2	15,2	11,9	17,9	134	34,1	37,1	R. E. No. $\frac{78,5}{51}$ max.
80	40	6	7,75	10,2	8,01	12,8	94,6	23,7	15,3	B. No. $\frac{80}{40}$ min.; St. No. 27.
80	*45*	*6*	*8*	*11,0*	*8,66*	*14,5*	*106*	*26,5*	*19,4*	*Normal-Profil No. 8.*
80	43	9	7,75	12,6	9,89	13,1	107	26,9	19,7	B. No. $\frac{80}{40}$ max.
80	53	7,5	7	12,4	9,74	16,3	114	28,6	30,5	D. K. W-P. 8.
80	47	8	8	12,6	9,89	14,6	115	28,6	23,5	R. E. N-P. No. 8 max.

Höhe h mm	Flansch-breite b mm	Steg-Stärke d mm	Flansch-stärke t mm	Quer-schnitt F cm²	Gewicht $\frac{kg}{m}$	Schwer-punkts-abstand e mm	J_x cm⁴	W_x cm³	J_y cm⁴	Bezeichnung des Profils
80	48	9	8	13,4	10,5	14,6	119	29,7	25,5	B. N-P. No. 8 max.
80	56	10,5	8	15,7	12,3	17,6	138	34,5	43,9	B. No. $\frac{80}{56}$ min.
80	59	13,5	8	18,1	14,2	18,0	151	37,7	52,0	B. No. $\frac{80}{56}$ max.
90,5	30	10	12,75	14,2	11,1	10,4	140	30,8	9,8	R. E. No. $\frac{90,5}{30}$ min.
90,5	32	12	12,75	16,0	12,6	11,0	152	33,6	11,9	R. E. No. $\frac{90,5}{30}$ max.
91,5	26,5	8,5	10,7	11,7	9,18	8,64	118	25,7	6,0	R. E. No. $\frac{91,5}{26,5}$ min.
91,5	28,5	10,5	10,7	13,5	10,6	9,30	130	28,4	9,1	R. E. No. $\frac{91,5}{26,5}$ max.
100	20	5	7,5	7,25	5,69	5,03	90,0	18,0	2,1	R. E. No. $\frac{100}{20}$ min.
100	22	7	7,5	9,25	7,26	6,20	107	21,3	2,8	R. E. No. $\frac{100}{20}$ max.
100	42	10	7,5	14,8	11,6	11,1	182	36,4	16,5	D. K; W-P. 10.
100	40	8	8,5	13,4	10,5	11,4	186	37,3	16,98	St. No. 13.
100	*50*	*6*	*8,5*	*13,5*	*10,6*	*15,5*	*206*	*41,1*	*29,3*	*Normal-Profil No. 10.*
100	52	8	8,5	15,5	12,2	15,4	223	44,5	35,5	R. E. N-P. No. 10 max. ; Hy. No. 10b.
100	53	9	8,5	16,5	13,0	15,4	231	46,2	37,8	B. N-P. No. 10 max.
102	63	11,1	11,9	23,7	18,6	20,4	342	67,0	77,0	D. K. No. $\frac{4}{2^1/_2}$.
104	66,5	8,5	9,8	20,5	16,1	23,0	333	64,0	87,4	R. E. No. $\frac{104}{66,5}$ min.
104	70	12	9,8	24,2	18,9	22,7	365	70,3	106	R. E. No. $\frac{104}{66,5}$ max.; D. K. W-P. 10⁴/₁₀.

[-Eisen.

Höhe h mm	Flansch-breite b mm	Steg-stärke d mm	Flansch-stärke t mm	Quer-schnitt F cm²	Gewicht kg/m	Schwer-punkts-abstand e mm	J_x cm⁴	W_x cm³	J_y cm⁴	Bezeichnung des Profils
105	68	7	7	15,9	12,5	21,7	273	52,0	72,5	H. V. No. 10½ a.; H. D. No. 10½ W.
105	68	6,5	7,7	16,3	12,8	21,1	287	54,7	66,3	U. No. 10½ W.; D. K. W.-P. 10½; K No. 9; F. No. $\frac{105}{65}$.
105	*65*	*8*	*8*	*17,3*	*13,6*	*18,8*	*287*	*54,7*	*61,2*	*Normal-Profil No. 10½ W.-P.*
105	67	10	8	19,4	15,2	19,1	306	58,4	74,1	Hy. No. 105 b;
105	68	11	8	20,7	16,2	19,3	316	60,2	80,6	B. N-P. No. 10½ max.
105	68,5	11,5	8	21,0	16,5	19,4	321	61,1	84,0	R. E. N-P. No. 10½ max.
105	66	9	11,5	22,6	17,7	21,7	373	71,0	85,9	V. No. 11.
116,5	67	11	12	26,5	20,8	23,0	513	88,4	113	R. E. No. $\frac{116,5}{67}$ min.
116,5	70,5	14,5	12	30,3	23,8	23,2	596	96,1	135	R. E. No. $\frac{116,5}{67}$ max.
117,5	*65*	*10*	*10*	*22,6*	*17,7*	*19,1*	*447*	*76,1*	*77,1*	*Normal-Profil No. 11¾ W.-P.*
117,5	67	12	10	24,9	19,6	19,6	473	80,7	87,4	Hy. No. 117½ b.
117,5	68	13	10	26,1	20,5	19,9	487	83,0	92,5	B. N-P. No. 11¾ max.
117,5	68,5	13,5	10	26,7	21,0	20,0	494	84,2	95,0	R. E. N-P. No. 11¾ max.
120	*55*	*7*	*9*	*17,0*	*13,4*	*16,0*	*364*	*60,7*	*43,2*	*Normal-Profil No. 12*
120	57	9	9	19,4	15,2	15,9	393	65,5	51,5	Hy. No 12 b.
120	58	10	9	20,6	16,2	15,9	407	67,9	54,5	B. N-P No. 12 max.
120	58,5	10,5	9	21,2	16,6	15,9	414	69,1	55,4	R. E. N-P. No. 12 max.
121,5	35	5	5,75	9,53	7,48	8,4	188	30,9	9,42	V. No. 17.
121,5	35	5	6	9,61	7,54	9,0	195	32,1	9,74	H. V. No. 12½.
122	35	5	5,75	9,68	7,60	8,35	190	31,0	9,43	B. No. $\frac{122}{35}$ min.

Höhe h mm	Flansch-breite b mm	Steg-stärke d mm	Flansch-stärke t mm	Quer-schnitt F cm²	Gewicht $\frac{kg}{m}$	Schwer-punkts-abstand e mm	J_x cm⁴	W_x cm³	J_y cm⁴	Bezeichnung des Profils
122	38	8	5,75	13,3	10,5	8,7	235	38,6	12,3	B. No. $\frac{122}{35}$ max.
125	72	9,75	11,5	26,7	21,0	22,9	621	99,4	133	B. No. $\frac{125}{72}$ min.
125	75	12,75	11,5	30,4	23,9	22,9	670	107	155	B. No. $\frac{125}{72}$ max.
127	63	11,1	12,7	27,6	21,7	19,4	616	97,0	88,3	D. K. No. $\frac{5}{2^{1}/_{2}}$.
130	45	7	8,25	15,4	12,1	12,1	361	55,5	26,8	B. No. $\frac{130}{45}$ min.; St. No. 29; V. No. 15; A. F. No. $\frac{130}{45}$; D. K. W-P. 13.
130	48	10	8,25	19,3	15,2	12,4	416	64,0	33,0	B. No. $\frac{130}{45}$ max.
140	45	7	10,25	17,7	13,9	13,0	489	69,8	31,8	B. No. $\frac{140}{45}$ min.
140	48	10	10,25	21,9	17,2	13,2	558	79,7	39,4	B. No. $\frac{140}{45}$ max.
140	*60*	*7*	*10*	*20,4*	*16,0*	*17,5*	*605*	*86,4*	*62,7*	*Normal-Profil No. 14.*
140	62	9	10	23,2	18,2	17,4	651	92,9	72,5	Hy. No. 14 b.
140	63	10	10	24,6	19,3	17,3	674	96,2	77,7	B. N-P. No. 14 max.
140	63,5	10,5	10	25,3	19,8	17,3	685	97,8	79,9	R. E. N-P. No. 14 max.
140	80	8	13	30,3	23,8	27,0	950	136	177	B. No. $\frac{14}{8}$ min.; G. S-P. $\frac{14}{8}$; H. V. S-P. $\frac{14}{8}$.
140	81	9	13	31,7	24,9	26,8	973	139	187	G. S-P. $\frac{14}{8}$; H. V. S-P. $\frac{14}{8}$.
140	82	10	13	33,1	26,0	26,7	996	142	197	G. S-P. $\frac{14}{8}$; H. V. S-P. $\frac{14}{8}$.

Höhe h mm	Flansch-breite b mm	Steg-stärke d mm	Flansch-stärke t mm	Quer-schnitt F cm²	Gewicht $\frac{kg}{m}$	Schwer-punkts-abstand e mm	J_x cm⁴	W_x cm³	J_y cm⁴	Bezeichnung des Profils
140	83	11	13	34,5	27,1	26,5	1019	146	207	G. S.-P. $\frac{14}{8}$; H. V. S-P. $\frac{14}{8}$.
140	84	12	13	35,9	28,2	26,4	1041	149	218	G. S.-P. $\frac{14}{8}$; H. V. S-P. $\frac{14}{8}$; B. No. $\frac{18}{8}$ max.
142	85	13	14,75	40,0	31,4	27,7	1180	166	274	B. No. $\frac{142}{85}$ min.; V. No. 19.
142	82	13	16	40,8	32,0	28,8	1191	168	259	R. E. No. $\frac{142}{82}$ min.
142	88	16	14,75	44,3	34,8	27,9	1252	176	310	B. No. $\frac{142}{85}$ max.
142	85,5	16,5	16	45,8	36,0	29,0	1275	179	301	R. E. No. $\frac{142}{82}$ max.
143	61,5	8,5	10,1	22,9	18,0	18,6	681	95,2	79,6	R. E. No. $\frac{143}{61,5}$ min.
143	65	12	10,1	27,9	21,9	19,1	765	107	96,6	R. E. No. $\frac{143}{61,5}$ max.
144	75	9	14	31,0	24,3	25,2	989	137	152	D. K. W-P. und S-P. 14⁴/₁₀.
144	78	12	13,5	35,2	27,6	25,8	1060	147	201	B. No. $\frac{144}{78}$ min.; V. No.18; R. E. No. $\frac{144}{78}$ min.
144	81	15	13,5	39,5	31,0	24,7	1135	158	229	B. No. $\frac{144}{78}$ max.
144	81,5	15,5	13,5	40,4	31,7	25,9	1150	160	245	R. E. No. $\frac{144}{78}$ max.
145	*60*	*8*	*8*	*19,8*	*15,5*	*15,0*	*585*	*80,7*	*53,6*	*Normal-Profil No. 14¹/₂ W.-P.*
145	62	10	8	22,7	17,6	15,2	636	87,7	63,2	Hy. No. 145 b.
145	63	11	8	24,1	18,9	15,2	661	91,3	65,6	B. N-P. No. 14¹/₂ max.
145	63,5	11,5	8	24,9	19,5	15,3	674	93,0	66,6	R. E. N-P. No. 14¹/₂ max.

Höhe h mm	Flansch-breite b mm	Steg-stärke d mm	Flansch-stärke t mm	Quer-schnitt F cm²	Gewicht $\frac{kg}{m}$	Schwer-punkts-abstand c mm	J_x cm⁴	W_x cm³	J_y cm⁴	Bezeichnung des Profils
150	46	8	8	19,9	15,6	10,3	570	76,0	26,7	K. No. 1.
150	85	9	14	35,3	27,7	28,4	1240	165	232	D. K. S-P. 15; B. S-P. $\frac{15}{8^{1}/_2}$ min.; G. S-P. $\frac{15}{8^{1}/_2}$; H. V. S-P. $\frac{15}{8^{1}/_2}$.
150	86	10	14	36,8	28,9	28,2	1268	169	244	G. S-P. $\frac{15}{8^{1}/_2}$; H. V. S-P. $\frac{15}{8^{1}/_2}$.
150	87	11	14	38,3	30,1	28,1	1296	173	256	G. S-P. $\frac{15}{8^{1}/_2}$; H. V. S-P. $\frac{15}{8^{1}/_2}$.
150	88	12	14	39,8	31,2	28,0	1324	177	268	G. S-P. $\frac{15}{8^{1}/_2}$; H. V. S-P. $\frac{15}{8^{1}/_2}$.
150	89	13	14	41,3	32,4	27,9	1352	180	281	B. S-P. $\frac{15}{8^{1}/_2}$ max.; G. S-P. $\frac{15}{8^{1}/_2}$; H.V. S-P. $\frac{15}{8^{1}/_2}$;
151	42	9	12	21,4	16,8	12,0	636	84	30,2	B. No. $\frac{151}{42}$ min.
151	45	12	12	25,9	20,6	12,7	722	95,6	37,3	B. No. $\frac{151}{42}$ max.
151	63	8	10,75	24,2	19,0	18,4	817	108	90,1	B. No. $\frac{151}{63}$ min.
151	66	11	10,75	28,7	22,5	18,3	903	120	107	B. No. $\frac{151}{63}$ max.
152	48,8	5,1	8,75	15,4	12,1	13,1	542	71,3	32,4	B. No. $\frac{152}{48,8}$ min.
152	57,9	14,2	8,75	29,4	23,1	13,8	808	106	63,3	B. No. $\frac{152}{48,8}$ max.
152	76	11,1	12,7	33,7	26,5	22,9	1110	146	153	D. K. No. $\frac{6}{3}$.
153	58	7	10,25	21,3	16,7	16,9	742	97	67,7	D. K. W-P. 15³/₁₀; Hy. No. 153; B. No. $\frac{153}{58}$ min.

4

Höhe h mm	Flansch-breite b mm	Steg-stärke d mm	Flansch-stärke t mm	Quer-schnitt F cm²	Gewicht kg/m	Schwer-punkts-abstand e mm	J_x cm⁴	W_x cm³	J_y cm⁴	Bezeichnung des Profils
153	60	9	10,25	24,5	19,2	16,8	802	105	77,1	Hy. No. 153 b.
153	61	10	10,25	25,9	20,3	16,7	832	109	81,8	B. No. $\frac{153}{58}$ max.
160	*65*	*7,5*	*10,5*	*24,0*	*18,8*	*18,4*	*925*	*116*	*85,3*	*Normal-Profil No. 16.*
160	67	9,5	10,5	27,2	21,4	18,7	993	125	100	Hy. No. 16 b.
160	68	10,5	10,5	28,8	22,6	18,8	1027	128	105	B. N. P. No. 16 max.
160	68,5	11	10,5	29,6	23,2	18,9	1044	131	107	R. E. N. P. No. 16 max.
165	90	10	15	40,9	32,1	29,8	1730	210	300	B. S-P. $\frac{16^1/_2}{9}$ min.; D. K. S-P. $16^1/_2$; G. S-P. $\frac{16^1/_2}{9}$; H. V. S-P. $\frac{16^1/_2}{9}$.
165	91	11	15	42,6	33,4	29,6	1768	214	314	G. S-P. $\frac{16^1/_2}{9}$; H. V. S-P. $\frac{16^1/_2}{9}$.
165	92	12	15	44,2	34,7	29,5	1805	219	329	G. S-P. $\frac{16^1/_2}{9}$; H. V. S-P. $\frac{16^1/_2}{9}$.
165	93	13	15	45,9	36,0	29,4	1843	223	344	G. S-P. $\frac{16^1/_2}{9}$; H. V. S-P. $\frac{16^1/_2}{9}$.
165	94	14	15	47,5	37,3	29,3	1880	228	359	B. S-P. $\frac{16^1/_2}{9}$ min.; G. S-P. $\frac{16^1/_2}{9}$; H. V. S-P. $\frac{16^1/_2}{9}$.
175	60	7	10	23,2	18,1	16,3	1033	118	76,7	B. No. $\frac{175}{60}$ min.; D. K. W-P. $17^1/_2$.
175	60	8	10,5	25,5	20,0	16,0	1097	125	74,1	V. No. 24.
175	63	10	10	28,4	22,3	16,0	1169	134	93,1	B. No. $\frac{175}{60}$ max.
175	77	10,75	12,5	36,0	28,3	21,8	1596	183	194	B. No. $\frac{175}{77}$ min.
175	80	13,75	12,5	41,2	32,3	21,8	1730	198	222	B. No. $\frac{175}{77}$ max.

Höhe h mm	Flansch-breite b mm	Steg-stärke d mm	Flansch-stärke t mm	Quer-schnitt F cm²	Gewicht $\frac{kg}{m}$	Schwer-punkts-abstand c mm	J_x cm⁴	W_x cm³	J_y cm⁴	Bezeichnung des Profils
176	72	10	11,5	31,6	24,8	20,4	1421	161	150	Hy. No. 176.
176	73	9,75	11,5	31,9	25,0	20,4	1429	162	155	B. No. $\frac{176}{73}$ min.; V. No. 25.
176	74	12	11,5	35,1	27,5	20,3	1512	172	165	Hy. No. 176b.
176	76	12,75	11,5	37,2	29,2	20,2	1567	178	180	B. No. $\frac{176}{73}$ max.
177	72	10	10	31,2	24,5	18,1	1372	155	123	K. No. 2.
178	89	12,7	12,7	42,2	33,2	24,8	1895	213	253	D. K. No. $\frac{7}{3^1/_2}$.
180	50	8	10	23,0	18,0	13,2	996	111	46,3	R. E. No. $\frac{180}{50}$ min.
180	53,5	11,5	10	29,3	23,0	13,5	1167	130	57,5	R. E. No. $\frac{180}{50}$ max.
180	70	8	11	28,0	22,0	19,2	1354	150	114	Normal-Profil No. 18.
180	72	10	11	31,6	24,8	19,3	1451	161	129	Hy. No. 18b.
180	73	11	11	33,4	26,2	19,4	1500	167	138	B. N-P. No. 18 max.
180	73,5	11,5	11	34,3	26,9	19,4	1524	169	143	R. E. N-P. No. 18 max.
180	85	9	14	37,1	29,1	26,8	1868	208	278	D. K. S-P. 18 A.
180	90	13	14	45,0	35,3	26,4	2070	230	297	D. K. S-P. 18 B.
180	90	10	16	44,1	34,2	29,5	2250	250	325	B. S-P. $\frac{18}{9}$ min.; G. S-P. $\frac{18}{9}$; H. V. S-P. $\frac{18}{9}$.
180	91	11	16	45,9	36,0	29,3	2299	256	340	G. S-P. $\frac{18}{9}$; H. V. S-P. $\frac{18}{9}$.
180	92	12	16	47,7	37,4	29,2	2347	261	356	G. S-P. $\frac{18}{9}$ H. V. S-P. $\frac{18}{9}$.
180	93	13	16	49,5	38,8	29,1	2396	266	372	G. S-P. $\frac{18}{9}$; H. V. S-P. $\frac{18}{9}$.

4*

Höhe h mm	Flansch-breite b mm	Steg-stärke d mm	Flansch-stärke t mm	Quer-schnitt F cm²	Gewicht kg/m	Schwer-punkts-abstand e mm	J_x cm⁴	W_x cm³	J_y cm⁴	Bezeichnung des Profils
180	94	14	16	51,3	40,2	29,0	2444	272	381	B. S.-P. $\frac{18}{9}$ max.; G. S.-P. $\frac{18}{9}$; H. V. S.-P. $\frac{18}{9}$.
196	78	13	18	49,3	38,7	24,3	2676	273	271	B. No. $\frac{196}{78}$ min.
196	81	16	18	55,2	43,3	24,5	2864	292	309	B. No. $\frac{196}{78}$ max.
200	*75*	*8,5*	*11,5*	*32,2*	*25,3*	*20,1*	*1911*	*191*	*148*	*Normal-Profil No. 20.*
200	77	10,5	11,5	36,2	28,4	19,9	2044	204	167	Hy. No. 20b.
200	78	11,5	11,5	38,2	30,0	19,7	2111	211	176	B. N-P. No. 20 max.
200	78,5	12	11,5	39,2	30,8	19,7	2144	214	180	R. E. N-P. No. 20 max.
200	85	8	14	38,0	29,8	28,1	2440	244	250	B. S.-P. $\frac{20}{8,5}$ min.; D. K. S.-P. 20 A.; G. S.-P. $\frac{20}{8,5}$; H. V. S.-P. $\frac{20}{8,5}$.
200	86	9	14	39,0	30,6	27,5	2507	251	263	G. S.-P. $\frac{20}{8,5}$; H. V. S.-P. $\frac{20}{8,5}$.
200	87	10	14	42,0	33,0	26,8	2573	257	277	G. S.-P. $\frac{20}{8,5}$; H. V. S.-P. $\frac{20}{8,5}$.
200	90	9	15	42,4	33,3	28,2	2636	264	310	D. K. S.-P. 20 B.
200	88	11	14	44,0	34,5	26,2	2640	264	291	G. S.-P. $\frac{20}{8,5}$; H. V. S.-P. $\frac{20}{8,5}$.
200	89	12	14	46,0	36,1	25,5	2707	271	305	G. S.-P. $\frac{20}{8,5}$; H. V. S.-P. $\frac{20}{8,5}$; B. S.-P. $\frac{20}{8,5}$ max.
200	90	11	17	49,4	38,8	28,6	3034	303	359	B. S.-P. $\frac{20}{9}$ min.; G. S.-P. $\frac{20}{9}$; H. V. S.-P. $\frac{20}{9}$.
200	91	12	17	51,4	40,3	28,5	3101	310	375	G. S.-P. $\frac{20}{9}$; H. V. S.-P. $\frac{20}{9}$.
200	92	13	17	53,4	41,9	28,4	3167	317	391	G. S.-P. $\frac{20}{9}$; H. V. S.-P. $\frac{20}{9}$.

Höhe h mm	Flansch-breite b mm	Steg-stärke d mm	Flansch-stärke t mm	Quer-schnitt F cm²	Gewicht $\frac{kg}{m}$	Schwer-punkts-abstand e mm	J_x cm⁴	W_x cm³	J_y cm⁴	Bezeichnung des Profils
200	93	14	17	55,4	43,5	28,3	3234	323	408	G. S-P. $\frac{20}{9}$; H. V. S-P. $\frac{20}{9}$.
200	94	15	17	57,4	45,1	28,3	3302	330	425	B. S-P. $\frac{20}{9}$ max.; G. S-P. $\frac{20}{9}$; H. V. S-P. $\frac{20}{9}$.
203	57,4	5,6	9,9	21,3	16,7	14,4	1345	132	53,6	R. E. No. $\frac{203}{57}$ min.
203	66,6	14,8	9,9	40,3	31,6	14,5	1978	195	90,7	R. E. No. $\frac{203}{57}$ max.
203	89	12,7	12,7	45,4	35,6	23,7	2598	256	272	D. K. No. $\frac{8}{3^{1}/_{2}}$.
210	65	8	10	28,5	22,4	16,8	1759	168	104	R. E. No. $\frac{210}{65}$ min.
210	68,5	11,5	10	35,8	28,1	16,7	2028	190	125	R. E. No. $\frac{210}{65}$ max.
210	100	10	13	44,5	34,9	29,2	3045	290	439	B. No. $\frac{210}{100}$ min.
210	103	13	13	50,8	39,9	28,4	3276	312	498	B. No. $\frac{210}{100}$ max.
215	87	14	16,5	54,6	42,9	25,4	3538	329	337	Hy. No. 215.
215	89	16	16,5	58,9	46,2	26,5	3704	345	382	Hy. No. 215 b.
220	*80*	*9*	*12,5*	*37,4*	*29,4*	*21,4*	*2690*	*245*	*197*	*Normal-Profil No. 22.*
220	82	11	12,5	41,8	32,8	21,6	2867	261	226	Hy. No. 22 b.
220	83	12	12,5	44,0	34,5	21,7	2956	269	233	B. N-P. No. 22 max.
220	85	14	12,5	48,4	38,0	21,8	3134	285	260	R. E. N-P. No. 22 max.
220	90	8,5	15,0	43,6	34,2	27,7	3380	307	321	B. S-P. No. $\frac{22}{9}$ min.; G. S-P. $\frac{22}{9}$; H. V. S-P. $\frac{22}{9}$.
220	91	9,5	15,0	45,8	36,0	28,2	3469	315	338	G. S-P. $\frac{22}{9}$; H. V. S-P. $\frac{22}{9}$.

Höhe h mm	Flansch-breite b mm	Steg-stärke d mm	Flansch-stärke t mm	Quer-schnitt F cm²	Gewicht $\frac{kg}{m}$	Schwer-punkts-abstand e mm	J_x cm⁴	W_x cm³	J_y cm⁴	Bezeichnung des Profils
220	92	10,5	15,0	48,0	37,7	28,7	3556	323	355	G. S-P. $\frac{22}{9}$; H. V. S-P. $\frac{22}{9}$.
220	93	11,5	15,0	50,2	39,4	29,2	3645	331	373	G. S-P. $\frac{22}{9}$; H. V. S-P. $\frac{22}{9}$.
220	95	10	16	49,1	38,5	29,2	3688	335	425	D. K. S-P. 22.
220	94	12,5	15	52,4	41,1	29,7	3734	339	392	G. S-P. $\frac{22}{9}$; H. V. S-P. $\frac{22}{9}$; B. S-P. $\frac{22}{9}$ max.
220	95	12	17	55,2	43,3	28,8	4038	367	436	G. S-P. $\frac{22}{9^{1}/_{2}}$; H. V. S-P. $\frac{22}{9^{1}/_{2}}$; B. S-P. $\frac{22}{9^{1}/_{2}}$ min.
220	96	13	17	57,4	45,1	28,8	4127	375	454	G. S-P. $\frac{22}{9^{1}/_{2}}$; H. V. S-P. $\frac{22}{9^{1}/_{2}}$.
220	97	14	17	59,6	46,8	28,7	4215	383	472	G. S-P. $\frac{22}{9^{1}/_{2}}$; H. V. S-P. $\frac{22}{9^{1}/_{2}}$.
220	98	15	17	61,8	48,5	28,6	4304	391	591	G. S-P. $\frac{22}{9^{1}/_{2}}$; H. V. S-P. $\frac{22}{9^{1}/_{2}}$.
220	99	16	17	64,0	50,2	28,6	4393	399	511	G S-P. $\frac{22}{9^{1}/_{2}}$; H. V. S-P. $\frac{22}{9^{1}/_{2}}$; B. S-P. $\frac{22}{9^{1}/_{2}}$ max.
228,6	76,2	9,5	10,5	36,2	28,4	19,8	2664	233	176	H. V. No. 22 .
229	89	12,7	12,7	48,6	38,1	22,4	3492	305	292	D. K. No. $\frac{9}{3^{1}/_{2}}$.
235	76	9,5	10,7	36,6	28,7	19,2	2819	240	180	R. E. No. $\frac{235}{76}$ min.
235	70	10	12,8	39,1	30,7	18,0	2890	254	162	B. No. $\frac{235}{70}$ min.
235	73	13	12,8	46,1	36,1	18,0	3214	274	187	B. No. $\frac{235}{70}$ max.
235	81	14,5	10,7	48,3	37,9	18,9	3360	286	220	R. E. No. $\frac{235}{76}$ max.
235	*90*	*10*	*12*	*42,4*	*33,3*	*22,8*	*3429*	*292*	*272*	*Normal-Profil Nr. 23 ¹/₂ W.-P.*

Höhe h mm	Flansch-breite b mm	Steg-stärke d mm	Flansch-stärke t mm	Quer-schnitt F cm²	Gewicht $\frac{kg}{m}$	Schwer-punkts-abstand e mm	J_x cm⁴	W_x cm³	J_y cm⁴	Bezeichnung des Profils
235	92	12	12	47,1	37,0	22,9	3645	310	302	Hy. No. 235 b.
235	93	13	12	49,4	38,8	22,9	3753	319	318	B. N-P. No. 23½ max.
235	95	15	12	54,2	42,5	23,1	3970	338	343	R. E. N-P. No. 23½ max.
240	*85*	*9,5*	*13*	*42,3*	*33,2*	*22,3*	*3598*	*300*	*248*	*Normal-Profil No. 24.*
240	87	11,5	13	47,1	37,0	22,5	3828	319	277	Hy. No. 24 b.
240	88	12,5	13	49,5	38,8	22,6	3944	329	291	B. N-P. No. 24 max.
240	90	14,5	13	54,3	42,6	22,7	4174	348	334	R. E. N-P. No. 24 max.
240	95	9	15,5	48,7	38,2	27,6	4401	367	398	B. S-P. $\frac{24}{9\frac{1}{2}}$ min.; D. K. S-P. 24; G. S-P. $\frac{24}{9,5}$; H. V. S-P. $\frac{24}{9,5}$.
240	96	10	15,5	51,2	40,2	27,6	4516	376	417	G. S-P. $\frac{24}{9,5}$; H. V. S-P. $\frac{24}{9,5}$.
240	97	11	15,5	53,5	42,0	27,6	4631	386	436	G. S-P. $\frac{24}{9,5}$; H. V. S-P. $\frac{24}{9,5}$.
240	98	12	15,5	55,9	43,9	27,6	4747	396	455	G. S-P. $\frac{24}{9,5}$; H. V. S-P. $\frac{24}{9,5}$.
240	99	13	15,5	58,3	45,8	27,6	4862	405	475	B. S-P. $\frac{24}{9\frac{1}{2}}$ max.; G. S-P. $\frac{24}{9,5}$; H. V. S-P. $\frac{24}{9,5}$.
240	100	13	18	63,2	49,6	29,7	5452	454	547	B. S-P. $\frac{24}{10}$ min.; G. S-P. $\frac{24}{10}$; H. V. S-P. $\frac{24}{10}$.
240	101	14	18	65,7	51,6	29,6	5567	464	568	G. S-P $\frac{24}{10}$; H. V. S-P. $\frac{24}{10}$.
240	102	15	18	68,1	53,5	29,5	5682	474	589	G. S-P. $\frac{24}{10}$; H V. S-P. $\frac{24}{10}$.
240	103	16	18	70,5	55,3	29,4	5798	483	611	G. S-P. $\frac{24}{10}$; H. V. S-P. $\frac{24}{10}$.
240	104	17	18	72,9	57,2	29,3	5913	493	633	B. S-P. $\frac{24}{10}$ max.; G. S-P. $\frac{24}{10}$; H. V. $\frac{24}{10}$.

Höhe h mm	Flansch-breite b mm	Steg-stärke d mm	Flansch-stärke t mm	Quer-schnitt F cm²	Gewicht $\frac{kg}{m}$	Schwer-punkts-abstand e mm	J_x cm⁴	W_x cm³	J_y cm⁴	Bezeichnung des Profils
250	80	8	10,25	34,7	27,3	19,6	3164	253	202	B. No. $\frac{250}{80}$ min.; D. K. No. W-P. 25.
250	80	8	10,5	35,6	27,9	19,7	3210	257	207	Hy. No. 250.
250	80	8	11.4	36,7	28,8	22,0	3379	270	215	R. E. No. $\frac{250}{80}$ min.
250	82	10	10,25	40,3	31,6	18,7	3424	274	223	B. No. $\frac{250}{80}$ max.
250	82	10	10,5	40,6	31,9	19,0	3470	278	200	Hy. No. 250 b.
250	85	13	11,4	49,2	38,6	20,8	4031	323	273	R. E. No. $\frac{250}{80}$ max.
254	89	12,7	12,7	51,8	40,7	21,6	4584	354	306	D. K. No. $\frac{10}{3^{1}/_{2}}$.
260	*90*	*10*	*10*	*41,6*	*32,7*	*19,7*	*3900*	*300*	*237*	*Normal-Profil No. 26 W.-P.*
260	92	12	10	46,8	36,7	19,6	4193	323	271	Hy. No 260 b.
260	93	13	10	49,4	38,8	19,5	4339	334	288	B. N-P. No. 26 alt. max.
260	95	15	10	54,6	42,9	19,4	4632	356	322	R. E. N-P. No. 26 alt. max.
260	*90*	*10*	*14*	*48,3*	*37,9*	*23,6*	*4823*	*371*	*317*	*Normal-Profil No. 26.*
260	92	12	14	53,5	42,0	23,2	5116	394	350	Hy. No. 26 b.
260	93	13	14	56,1	44,0	23,0	5262	405	367	B. N-P. No. 26 max.
260	95	15	14	61,3	48,1	22,7	5555	427	400	R. E. N-P. No. 26 max.
260	95	9,5	16	52,6	41,3	27,8	5560	428	421	D. K. S-P. 26; B. S-P. $\frac{26}{9^{1}/_{2}}$ min.; G. S-P. $\frac{26}{9^{1}/_{2}}$; H. V. S-P. $\frac{26}{9^{1}/_{2}}$.
260	96	10,5	16	55,2	43,3	27,5	5706	439	441	G. S-P. $\frac{26}{9^{1}/_{2}}$; H. V. S-P. $\frac{26}{9^{1}/_{2}}$.

Höhe h mm	Flansch-breite b mm	Steg-stärke d mm	Flansch-stärke t mm	Quer-schnitt F cm²	Gewicht $\frac{kg}{m}$	Schwer-punkts-abstand c mm	J_x cm⁴	W_x cm³	J_y cm⁴	Bezeichnung des Profils
260	97	11,5	16	57,8	45,4	27,2	5852	450	461	G. S.-P. $\frac{26}{9^{1}/_{2}}$; H. V. S.-P. $\frac{26}{9^{1}/_{2}}$.
260	98	12,5	16	60,4	47,4	27,0	5998	462	481	G. S.-P. $\frac{26}{9^{1}/_{2}}$; H. V. S.-P. $\frac{26}{9^{1}/_{2}}$.
260	99	13,5	16	63,0	49,5	26,8	6144	473	501	B. S.-P. $\frac{26}{9^{1}/_{2}}$ max.; G. S.-P. $\frac{26}{9^{1}/_{2}}$; H. V. S.-P. $\frac{26}{9^{1}/_{2}}$
280	95	10	15	53,3	41,8	25,3	6276	450	399	Normal-Profil No. 28.
280	97	12	15	58,9	46,2	25,2	6641	476	449	Hy. No. 28 b.
280	100	10	16,5	58,3	45,8	28,7	7086	506	511	B. S.-P. $\frac{28}{10}$ min.; D. K. S.-P. 28; G u. H. V. S.-P. $\frac{28}{10}$
280	100	15	15	67,3	52,8	25,0	7191	515	526	R. E. N.-P. 28 max.
280	101	11	16,5	61,1	47,9	28,4	7269	519	534	G. S.-P. $\frac{28}{10}$; H. V. S.-P. $\frac{28}{10}$.
280	102	12	16,5	63,9	50,1	28,1	7452	532	556	G. S.-P. $\frac{28}{10}$; H. V. S.-P. $\frac{28}{10}$.
280	103	13	16,5	66,7	52,3	27,9	7635	545	578	G. S.-P. $\frac{28}{10}$; H. V. S.-P. $\frac{28}{10}$.
280	104	14	16,5	69,5	54,5	27,7	7818	558	601	B. S.-P. $\frac{28}{10}$ max.; G. S.-P. $\frac{28}{10}$; H. V. S.-P. $\frac{28}{10}$.
300	75	10	10	42,8	33,6	15,0	4925	328	145	Normal-Profil No. 30 W.-P.
300	77	12	10	48,8	38,3	15,0	5375	358	161	Hy. No. 300 b.
300	78	13	10	51,8	40,7	15,1	5600	373	169	B. N.-P. 30 alt max.
300	75	10	13	47,1	37,0	14,8	5732	382	200	St. No. 30.
300	78	10	13	47,7	37,4	19,0	5868	392	235	R. E. No. $\frac{300}{78}$ min.; D. K. W.-P. 30 A; H. V. No. 30 b; V. N.-P. $\frac{30}{78}$; K. No. 6.
300	78	10,5	13	49,6	38,9	18,1	5979	399	242	B. No. $\frac{300}{78}$ min.

Höhe h mm	Flanschbreite b mm	Stegstärke d mm	Flanschstärke t mm	Querschnitt F cm²	Gewicht kg/m	Schwerpunktsabstand e mm	J_x cm⁴	W_x cm³	J_y cm⁴	Bezeichnung des Profils
300	80	15	10	57,8	45,4	16,5	6050	403	187	R. E. N-P. 30 alt max.
300	81	13,5	13	58,6	46,0	18,0	6654	444	274	B. No. $\frac{300}{78}$ max.
300	83	15	13	62,5	49,1	18,8	6995	466	284	R. E. No. $\frac{300}{78}$ max.
300	100	10	16	58,8	46,2	27,0	8026	535	495	Normal-Profil No. 30.
300	98	12	15,25	62,6	49,2	25,5	8053	537	531	B. No. $\frac{300}{98}$ min.
300	100	12	15	63,5	49,8	25,2	8066	538	502	R. E. No. $\frac{300}{100}$ min.
300	102	12	16	64,8	50,9	26,5	8476	565	547	Hy. No. 30 b.
300	100	11	17	63,8	50,1	29,4	8690	579	598	B. S-P. $\frac{30}{10}$ min.; G. S-P. $\frac{30}{10}$; H. V. S-P. $\frac{30}{10}$; D. K. S-P. 30.
300	103	13	16	67,8	53,2	26,2	8701	580	574	B. N-P. 30 max.
300	101	15	15,25	71,6	56,2	25,1	8728	582	593	B. No. $\frac{300}{98}$ max.
300	101	12	17	66,8	52,4	29,1	8915	594	623	G. S-P. $\frac{30}{10}$; H. V. S-P. $\frac{30}{10}$.
300	102	13	17	69,8	54,8	28,9	9140	609	648	G. S-P. $\frac{30}{10}$; II. V. S-P. $\frac{30}{10}$.
300	105	15	16	73,8	57,9	25,7	9151	610	626	R. E. N-P. 30 max.
300	105	17	15	78,5	61,6	24,9	9191	613	598	R. E. No. $\frac{300}{100}$ max
300	103	14	17	72,8	57,1	28,6	9365	624	673	G. S-P. $\frac{30}{10}$; H. V. S-P. $\frac{30}{10}$.

Höhe h mm	Flansch-breite b mm	Steg-stärke d mm	Flansch-stärke t mm	Quer-schnitt F cm²	Gewicht $\frac{kg}{m}$	Schwer-punkts-abstand e mm	J_x cm⁴	W_x cm³	J_y cm⁴	Bezeichnung des Profils
300	104	15	17	75,8	59,5	28,3	9590	639	698	B. S.-P. $\frac{30}{10}$ max.; G. S.-P. $\frac{30}{10}$; H. V. S.-P. $\frac{30}{10}$.
305	89	12,7	12,7	58,3	45,8	19,8	7046	462	315	D. K. No. $\frac{12}{3^1/_2}$.
320	60	7	9,75	33,8	26,5	13,5	4459	279	102	R. E. No. $\frac{320}{60}$ min.
320	65	12	9,75	49,8	39,1	13,4	5824	364	132	R. E. No. $\frac{320}{60}$ max.
320	100	11	17,5	67,0	52,6	27,3	10343	644	571	G. S.-P. $\frac{32}{10}$; H. V. S.-P. $\frac{32}{10}$.
320	101	12	17,5	70,2	55,1	27,1	10616	663	594	G. S.-P. $\frac{32}{10}$; H. V. S.-P. $\frac{32}{10}$.
320	102	13	17,5	73,4	57,6	26,9	10889	687	617	G. S.-P. $\frac{32}{10}$; H. V. S.-P. $\frac{32}{10}$.
320	103	14	17,5	76,6	60,1	26,7	11162	698	641	G. S.-P. $\frac{32}{10}$; H. V. S.-P. $\frac{32}{10}$.
320	104	15	17,5	79,8	62,6	26,5	11435	715	665	G. S.-P. $\frac{32}{10}$; H. V. S.-P. $\frac{32}{10}$.
340	100	11,5	18,0	71,9	56,4	26,7	12235	720	598	G. S.-P. $\frac{34}{10}$; H. V. S.-P. $\frac{34}{10}$.
340	101	12,5	18,0	75,3	59,1	26,5	12563	739	622	G. S.-P. $\frac{34}{10}$; H. V. S.-P. $\frac{34}{10}$.
340	102	13,5	18,0	78,7	61,8	26,3	12890	758	646	G. S.-P. $\frac{34}{10}$; H. V. S.-P. $\frac{34}{10}$.
340	103	14,5	18,0	82,1	64,4	26,1	13218	778	670	G. S.-P. $\frac{34}{10}$; H. V. S.-P. $\frac{34}{10}$.

Höhe h mm	Flansch-breite b mm	Steg-stärke d mm	Flansch-stärke t mm	Querschnitt F cm²	Gewicht $\frac{\text{kg}}{\text{m}}$	Schwerpunkts-abstand e mm	J_x cm⁴	W_x cm³	J_y cm⁴	Bezeichnung des Profils
340	104	15,5	18,0	85,5	67,1	25,9	13545	797	694	G. S-P. $\frac{34}{10}$; H. V. S-P. $\frac{34}{10}$.
381	86,4	10	16,6	63,8	50,1	20,2	13010	683	343	R. E. No. $\frac{381}{86}$; min.; B. No. $\frac{381}{86,4}$ min.; D. K. No. $\frac{15}{3\,^3/_8}$.
381	86,3	10,9	16,5	66,9	52,7	19,7	13254	697	347	A. F. No. $\frac{15}{3,4}$ min.
381	102	12,7	12,7	72,0	56,2	20,9	13351	700	468	D. K. No. $\frac{15}{4}$.
381	93,8	18,4	16,5	95,5	75,0	20,6	16678	875	460	A. F. $\frac{15}{3,4}$ max.
381	97,4	21	16,6	105	82,5	21,0	18056	948	518	R. E. No. $\frac{381}{86}$ max.; B. No. $\frac{381}{86,4}$ max.

Englische Normalprofile.

1. I-Eisen.

Höhe h mm	Flansch-breite b mm	Steg-stärke d mm	Flansch-stärke t mm	Quer-schnitt F cm²	Gewicht $\frac{kg}{m}$	J_x cm⁴	W_x cm³	J_y cm⁴	Freie Länge l cm	Bezeichnung des Profils
76,2	38,1	4,1	6,3	7,6	6,0	69,0	18,1	5,2	53,7	B. S. B. 1.
76,2	76,2	5,1	8,4	16,1	12,6	148	41,4	52,5	117	B. S. B. 2.
101,6	44,4	4,3	6,1	19,5	7,5	153	30,1	8,1	60,0	B. S. B. 3.
101,6	76,2	5,6	8,5	18,0	14,1	313	61,7	53,3	112	B. S. B. 4.
120,7	44,4	4,6	8,3	12,3	9,7	282	46,7	10,9	61,2	B. S. B. 5.
127,0	76,2	5,6	9,5	20,9	16,4	567	89,3	60,8	111	B. S. B. 6.
127,0	114,3	7,4	11,4	34,1	26,8	945	149	235	170	B. S. B. 7.
152,4	76,2	6,6	8,8	22,8	17,9	842	111	55,7	102	B. S. B. 8.
152,4	114,3	9,4	10,9	37,9	29,8	1442	189	225	158	B. S. B. 9.
152,4	127,0	10,4	13,2	47,5	37,3	1816	238	379	184	B. S. B. 10.
177,8	101,6	6,3	9,8	30,4	23,9	1632	184	142	141	B. S. B. 11.
203,2	101,6	7,1	10,2	34,2	26,8	2319	228	149	136	B. S. B. 12.
203,2	127,0	8,9	14,6	53,2	41,8	3719	366	427	185	B. S. B. 13.
203,2	152,4	11,2	15,2	66,4	52,1	4603	453	746	217	B. S. B. 14.

Höhe h mm	Flansch- breite b mm	Steg- stärke d mm	Flansch- stärke t mm	Quer- schnitt F cm²	Gewicht $\frac{kg}{m}$	J_x cm⁴	W_x cm³	J_y cm⁴	Freie Länge l cm	Bezeichnung des Profils
228,6	101,6	7,6	11,7	39,8	31,2	3376	296	175	136	B. S. B. 15.
228,6	177,8	14,0	23,5	110	86,4	9562	837	1926	272	B. S. B. 16.
254,0	127,0	9,1	14,0	56,9	44,7	6063	477	407	174	B. S. B. 17.
254,0	152,4	10,2	18,7	79,7	62,6	8807	693	954	225	B. S. B. 18.
254,0	203,2	15,2	24,6	133	105	14361	1131	2980	308	B. S. B. 19.
304,8	127,0	8,9	14,0	60,7	47,7	9161	601	406	168	B. S. B. 20.
304,8	152,4	10,2	18,2	83,5	65,5	13129	861	926	216	B. S. B. 21.
304,8	152,4	12,7	22,4	102	80,1	15632	1026	1177	221	B. S. B. 22.
355,6	152,4	10,2	17,7	87,3	68,5	18339	1031	898	208	B. S. B. 23.
355,6	152,4	12,7	22,2	108	84,8	22187	1248	1163	214	B. S. B. 24.
381,0	127,0	10,7	16,4	79,7	62,6	17822	936	497	162	B. S. B. 25.
381,0	152,4	12,7	22,4	112	88,2	26183	1374	1174	211	B. S. B. 26.
406,4	152,4	14,0	21,5	118	92,6	30214	1487	1127	201	B. S. B. 27.
457,2	177,8	14,0	23,6	142	111	47849	2093	1940	241	B. S. B. 28.
508,0	190,5	15,2	25,7	169	133	69559	2739	2621	256	B. S. B. 29.
609,6	190,5	15,2	27,2	189	148	110491	3625	2783	250	B. S. B. 30.

2. ⌐-Eisen.

Höhe h mm	Flansch- breite b mm	Steg- stärke d mm	Flansch- stärke t mm	Quer- schnitt F cm²	Gewicht $\frac{kg}{m}$	Schwer- punkts- abstand e mm	J_x cm⁴	W_x cm³	J_y cm⁴	Bezeichnung des Profils
76,2	38,1	6,3	7,9	10,0	7,9	12,3	83	21,8	12,3	B. S. C. 1.
88,9	50,8	6,3	7,9	12,8	10,0	16,4	154	34,6	29,7	B. S. C. 2.
101,6	50,8	6,3	9,5	15,1	11,9	16,9	238	46,8	35,1	B. S. C. 3.
127,0	63,5	7,9	9,5	20,8	16,3	19,2	505	79,5	73,9	B. S. C. 4.
152,4	63,5	7,9	9,5	22,9	18,0	17,9	780	103	78,3	B. S. C. 5.
152,4	76,2	7,9	11,1	27,5	21,6	23,8	1000	131	146	B. S. C. 6.
152,4	76,2	9,5	12,1	30,9	24,2	23,6	1084	142	159	B. S. C. 7.
152,4	88,9	9,5	12,1	34,0	26,7	28,4	1234	162	246	B. S. C. 8.
177,8	76,2	9,5	12,1	33,3	26,1	22,2	1566	176	167	B. S. C. 9.
177,8	88,9	10,2	12,7	38,4	30,2	27,0	1854	209	270	B. S. C. 10.
203,2	63,5	7,9	11,1	28,7	22,5	16,9	1710	168	95,0	B. S. C. 11.
203,2	76,2	9,5	12,7	36,6	28,7	21,2	2224	219	180	B. S. C. 12.
203,2	88,9	10,8	13,3	43,2	33,9	25,5	2654	261	294	B. S. C. 13.
203,2	101,6	11,4	14,0	49,5	38,8	30,5	3081	303	450	B. S. C. 14.
228,6	76,2	9,5	11,1	36,7	28,8	19,1	2713	237	167	B. S. C. 15.
228,6	88,9	9,5	12,7	42,3	33,2	24,8	3326	291	290	B. S. C. 16.

Höhe h mm	Flansch-breite b mm	Steg-stärke d mm	Flansch-stärke t mm	Quer-schnitt F cm²	Gewicht $\dfrac{kg}{m}$	Schwer-punkts-abstand e mm	J_x cm⁴	W_x cm³	J_y cm⁴	Bezeichnung des Profils
228,6	88,9	11,6	14,0	48,2	37,8	24,7	3666	320	319	B. S. C. 17.
228,6	101,6	12,1	14,6	54,2	42,5	29,2	4231	372	485	B. S. C. 18.
254,0	88,9	9,5	12,7	44,7	35,1	23,7	4271	336	299	B. S. C. 19.
254,0	88,9	12,1	14,6	53,5	42,0	23,7	4909	388	341	B. S. C. 20.
254,0	101,6	12,1	14,6	57,2	44,9	28,0	5440	428	500	B. S. C. 21.
279,4	88,9	12,1	14,6	56,6	44,4	22,8	6185	442	351	B. S. C. 22.
279,4	101,6	12,7	15,2	63,0	49,5	27,0	7094	508	535	B. S. C. 23.
304,8	88,9	9,5	12,7	49,5	38,8	21,8	6603	433	316	B. S. C. 24.
304,8	88,9	12,7	15,2	62,4	49,0	22,0	7938	521	372	B. S. C. 25.
304,8	101,6	13,3	15,9	69,2	54,3	26,2	9085	595	568	B. S. C. 26.
381,0	101,6	13,3	16,0	79,6	62,5	23,8	15691	824	606	B. S. C. 27.

Amerikanische Normalprofile.

1. I-Eisen.

Höhe h mm	Flansch- breite b mm	Steg- stärke d mm	Flansch- stärke t mm	Quer- schnitt F cm²	Gewicht $\frac{kg}{m}$	J_x cm⁴	W_x cm³	J_y cm⁴	Freie Länge l cm	Bezeichnung des Profils
76,2	59,2	4,3	6,6	10,5	8,3	104	27,3	19,2	88,0	B. 77.
101,6	67,5	4,8	7,4	14,3	11,2	250	49,3	32,0	97,2	B. 23.
127,0	76,2	5,3	8,1	18,5	14,5	504	79,5	51,2	108	B. 21.
152,4	84,5	5,8	9,1	23,3	18,3	908	119	77,0	118	B. 19.
177,8	93,0	6,3	10,0	28,5	22,4	1520	171	111	128	B. 17.
203,2	101,6	6,9	10,8	34,4	27,0	2370	233	157	139	B. 15.
228,6	110,0	7,4	11,7	40,7	32,0	3540	310	215	149	B. 13.
254,0	118,4	7,9	12,5	47,6	37,4	5080	400	287	159	B. 11.
304,8	127,0	8,9	13,8	59,8	46,9	8980	589	396	168	B. 9.
304,8	133,4	11,7	16,8	76,4	60,0	11190	734	575	179	B. 8.
381,0	139,7	10,4	15,8	80,5	63,2	18375	965	609	179	B. 7.
381,0	152,4	15,0	20,7	114	89,5	25350	1326	1081	200	B. 5.
381,0	162,6	20,6	26,5	154	121	33110	1739	1738	218	B. 4.
457,2	152,4	11,7	17,6	103	80,7	33110	1448	881	190	B. 80.

5

Höhe h mm	Flansch-breite b mm	Steg-stärke d mm	Flansch-stärke t mm	Quer-schnitt F cm²	Gewicht $\frac{kg}{m}$	J_x cm⁴	W_x cm³	J_y cm⁴	Freie Länge l cm	Bezeichnung des Profils
508,0	158,8	12,7	19,9	123	96,6	48680	1917	1160	200	B. 3.
508,0	177,8	15,2	23,3	153	120	61040	2403	1907	230	B. 2.
609,6	177,8	12,7	22,2	152	119	86825	2848	1782	222	B. 1.

2. ⊏-Eisen.

Höhe h mm	Flansch-breite b mm	Steg-stärke d mm	Flansch-stärke t mm	Quer-schnitt F cm²	Gewicht $\frac{kg}{m}$	Schwer-punkts-abstand c mm	J_x cm⁴	W_x cm³	J_y cm⁴	Bezeichnung des Profils
76,2	35,8	4,3	7,0	7,7	6,0	11,3	57	15	8	C. 72.
101,6	40,1	4,6	7,5	10,0	7,9	11,8	158	31	13	C. 9.
127,0	44,4	4,8	8,1	12,6	9,9	12,4	308	49	20	C. 8.
152,4	48,8	5,1	8,7	15,4	12,1	13,1	542	71	29	C. 7.
177,8	53,1	5,3	9,3	18,4	14,1	13,9	880	99	41	C. 6.
203,2	57,4	5,6	9,9	21,6	17,0	14,6	1345	132	55	C. 5.
228,6	61,7	5,8	10,5	25,1	19,7	15,4	1970	172	74	C. 4.
254,0	66,0	6,1	11,1	28,8	22,6	16,2	2780	219	96	C. 3.
304,8	74,6	7,1	12,8	38,9	30,5	17,9	5331	350	163	C. 2.
381,0	86,4	10,2	16,5	63,9	50,2	20,2	13010	683	343	C. 1.

Bedeutung der Abkürzungen.

A. F. Aumetz-Friede.
B. Burbach.
Diff. Differdingen.
D. K. Deutscher Kaiser.
F. Friedenshütte.
G. Gutehoffnungshütte.
H. D. Hoesch, Dortmund.
H. V. Hoerder Verein.
Hy. Hayingen.
K. Königshütte.
R. E. Rothe Erde.
St. Stumm.

U. Union.
V. Völklingen.
S-P. Schiffbau-Profil.
W-P. Wagenbau-Profil.
B. S. B. British Standard Beam.
B. S. C. Britisch Standard Channel.
B. Beam.
C. Channel.

$$l = 65 \sqrt{\frac{J_y}{F}} \quad \text{(Maße in cm)}.$$

www.ingramcontent.com/pod-product-compliance
Lightning Source LLC
Chambersburg PA
CBHW081429190326
41458CB00020B/6149